Burger
Investitionsrechnung

Investitionsrechnung

Grundlagen, Beispiele, Übungsaufgaben mit Musterlösungen

von

Dr. Alexander Burger

2., aktualisierte Auflage

Verlag Franz Vahlen München

Dr. Alexander Burger studierte an der Universität Mannheim Volkswirtschaftslehre und promovierte an der Universität Hohenheim zum Dr. oec. Nach langjähriger Praxis im Bankbereich und Professuren an mehreren Hochschulen ist er heute als freier Dozent an verschiedenen öffentlich-rechtlichen und privaten Hochschulen tätig.

vahlen.de

ISBN Print: 978 3 8006 7379 7
ISBN E-Book (ePDF): 978 3 8006 7380 3

Wilhelmstr. 9, 80801 München
Druck und Bindung: Beltz Grafische Betriebe GmbH
Am Fliegerhorst 8, 99947 Bad Langensalza

Satz: Fotosatz Buck
Zweikirchener Str. 7, 84036 Kumhausen
Produktion: Sieveking Agentur, München
Umschlaggestaltung: Ralph Zimmermann – Bureau Parapluie
Bildnachweis: © Elnur_- depositphotos.com

vahlen.de/nachhaltig

Gedruckt auf säurefreiem, alterungsbeständigem Papier
(hergestellt auch chlorfrei gebleichtem Zellstoff)

Vorwort zur 2. Auflage

Investitionen sind als praktischer Teil der Betriebswirtschaftslehre ein uraltes Thema. Ohne Saat keine Ernte, ohne Setzlinge kein Wald, ohne Mühle kein Mehl, ohne Amboss und Esse keine Stahl- und Werkzeugproduktion. Diese simplen Kausalitäten haben sich auch in der industriellen Revolution erhalten, sie wurden nur auf die industrielle Produktion übertragen: Ohne maschinelle Fertigung keine günstige Produktion und damit auch kein entsprechender Absatz. Selbst der Wandel von industrialisierten zu Dienstleistungsgesellschaften hat nichts an den grundlegenden Zusammenhängen im Investitionsbereich geändert; nur muss eben in andere Wirtschaftsgüter investiert werden, wie beispielsweise in informationstechnische Rahmenbedingungen oder in logistische Lieferketten – Themen, die in der jüngsten Vergangenheit durch Rahmenbedingungen wie die Corona-Krise oder auch nur simple Unfälle wie ein quer stehendes Containerschiff im Suezkanal zunehmende Relevanz erfahren haben.

Auch in der Forschung sind Investitionen kein neues Thema, sondern sind seit langem ein Teil des größeren betriebswirtschaftlichen Rahmens der Finanzierung. Aber die Themenbereiche, mit denen sich die Investitionslehre beschäftigt, haben sich durchaus gewandelt. Analysen von Risikostreuungen nach Markowitz dürfen in diesem Zusammenhang heute in keinem Lehrbuch zu Investitionen fehlen, denn ihre Anwendung beschränkt sich keineswegs auf reine Finanzinvestitionen, sondern ist auch im Bereich der Realinvestitionen sinnvoll und zielführend.

Wer sich in seinem späteren Berufsleben ernsthaft mit alltäglichen betriebswirtschaftlichen Fragestellungen auseinandersetzen will, wird um Fragen der Investitionsrechnung nicht herumkommen: Der Marketingspezialist muss sein Budget verwalten und dafür sorgen, dass die Ausgaben, die er tätigt, für einen entsprechenden Mittelrückfluss sorgen. Die Spezialistin im Rechnungswesen muss wissen, wie sie mit Abzinsungsfragen bei Pensionsrückstellungen oder anderen Rückstellungen mit Laufzeiten von mehr als einem Jahr umgeht. Und für alle Ambitionierten, die sich im Investment-Banking oder in der Beratung sehen, sind die Methoden der Investitionsrechnung grundlegendes Werkzeug wie Hammer und Amboss für den Schmied.

Dennoch stellt sich verständlicherweise die Frage: Warum noch ein Lehrbuch zu diesem Thema? Ist der Stoff nicht schon fast ausgelutscht? Hier müssen wir zugeben: Der Stoff selbst ist es, aber nicht die Art und Weise, wie er an Studierende und andere Interessenten der Thematik vermittelt wird. Praktische Bezüge und Anwendungsbeispiele erleichtern erfahrungsgemäß besonders Neulingen den Einstieg und das Verständnis für ein neues Themengebiet.

Aber so, wie jedem Menschen das Hemd näher sitzt als die Jacke, so sind Studierenden die Klausuren näher als berufliche Ziele. Diese Hürden sind als erstes zu nehmen. Die Erfahrung in diesem Zusammenhang war bisher, dass es gute Lehrbücher gibt, die zum Teil auch praktische Anwendungen in Erklärungen mit einfließen lassen; eine konkrete Vorbereitung auf mögliche Klausuraufgaben bieten sie aber entweder gar nicht, nur in Form von Kontrollfragen, die sich die Studierenden anhand der Lehrtexte selbst erarbeiten können oder in Form von Übungsaufgaben, denen nur eine Lösungszahl beigeordnet wird. Doch schon Konfuzius soll gesagt haben: „Der Weg ist das Ziel.“ Und auf dieses Lehrbuch angewendet bedeutet das: Der Lösungsweg von Übungs- und Klausuraufgaben muss für die Studierenden auch nachvollziehbar sein. Nur so können sie typische Fehlerquellen bei der Bearbeitung der Aufgaben erkennen und diese in ihren finalen Klausuren auch vermeiden.

Daher liegt Ihnen, liebe Leserinnen und Leser, nun das Lehrbuch zur Investitionsrechnung vor, das von Praktikern mit solidem theoretischem Hintergrund verfasst wurde, bei dem darauf geachtet wurde, dass die Wissensvermittlung anhand praktischer Beispiele erfolgt, und bei dem Sie ausführliche und nachvollziehbare Möglichkeiten zur Klausurvorbereitung haben.

Alle, die künftig mit Investitionen in jeglicher Form zu tun haben werden, können sich mit Hilfe des vorliegenden Buches einen Überblick verschaffen, welche Kalkulationsmöglichkeiten denkbar und sinnvoll sind. Wie kann anhand von mathematischen Berechnungen selbst abgewogen werden, ob die in Frage stehende Investition sinnvoll und rentabel ist, und ob persönliche Ziele und Wünsche damit erreicht werden? Persönlichen Präferenzen, ethisch-moralische Standards sowie gesetzliche Vorgaben können in die Entscheidungsgrundlagen wie auch in die finale Beurteilung einfließen. Aus all diesen Aspekten heraus die „richtige Investition“ zu treffen ist und bleibt die große Herausforderung, der Sie sich – als künftige Unternehmerinnen und Unternehmer – stellen dürfen, wollen und sollen!

Ich darf mich an dieser Stelle bei allen Studierenden bedanken, die mir im Laufe der vergangenen Jahre konstruktive Rückmeldungen gegeben haben, auf deren Basis in dieser neuen Auflage Korrekturen und Verbesserungen vorgenommen wurden. Wenn Ihnen erneut etwas auffällt oder fehlt, bin ich für ein entsprechendes Feedback sehr verbunden.

Frankfurt/M., im Januar 2024 Alexander Burger

Inhaltsverzeichnis

Abbildungsverzeichnis

Tabellenverzeichnis

1 Einleitung

Der Begriff Investition kommt aus dem lateinischen „investire“, der eigentlich einkleiden bedeutet. Das Einkleiden wurde auch als „Kleidung anlegen“ bezeichnet, womit sich die sprachliche Brücke zur betriebswirtschaftlichen Bedeutung der Investition, die des „(Geld-) Mittel anlegens“ schließt.

Nach Wöhe ist eine Investition die Verwendung finanzieller Mittel, um damit Privatvermögen durch Erträge zu vermehren oder um die Gewinne eines Unternehmens zu steigern.[1] Es gibt verschiedene Bereiche, in denen Investitionen stattfinden können. Neben der Unterscheidung von Wöhe in den **privaten** und den **betrieblichen** Bereich bietet sich eine Unterscheidung nach dem **Anlageobjekt** an: Immobilien, langfristige Sachanlagen, Produktionsmittel oder auch Wertpapiere. Sie werden üblicherweise auch nach ihrer Laufzeit in kurz-, mittel- oder langfristige Investitionen differenziert.

Mit monetären Mitteln, also Geld in jeglicher Form[2], werden sowohl im privaten als auch im geschäftlichen Bereich verschiedene Sachgüter, Produktionsmittel, Dienstleistungen oder auch Immobilien angeschafft mit der Zielsetzung, Gewinne zu erzielen oder Produktionsmittel zur Güterproduktion oder zum Verbrauch bei der Produktion zu erwirtschaften bzw. sinnvoll einzusetzen. Im privaten Bereich werden Investitionen auch mit dem Zweck getätigt, einen Kapitalerhalt sicher zu stellen oder nicht monetäre Zielsetzungen zu verfolgen. Ein Autonarr kann beispielsweise eine sechsstellige Summe in eine Luxuskarosse investieren, und der „private Gewinn“ daraus resultiert nicht in monetären Rückflüssen, sondern in der persönlichen Freude, mit diesem Auto über Landstraßen zu cruisen oder über die Autobahn zu jagen.

---

[1] Wöhe, G., Einführung in die Allgemeine Betriebswirtschaftslehre, München 2023

[2] Bargeld, Giralgeld, Eigenkapital, Fremdkapital

Investitionen werden auch nach dem Zweck unterschieden, der mit ihnen verfolgt wird. **Re-Investitionen** bzw. **Ersatzinvestitionen** sollen bisher genutzte Investitionen, beispielsweise eine Produktionsmaschine, ersetzen. Buchhalterisch findet das seinen Niederschlag in den Abschreibungen für die ursprüngliche Investition, die die finanzielle Grundlage für die Ersatzinvestition bilden sollen. Eine exakte Übereinstimmung zwischen erfolgten Abschreibungen auf die vorherige Investition und den Aufwendungen für eine Ersatzinvestition wird es aber aufgrund von Preisentwicklungen nur selten und dann nur zufällig geben. Auch in der Kosten- und Leistungsrechnung, in der mit kalkulatorischen Abschreibungen gearbeitet wird, die nicht auf den Anschaffungskosten, sondern auf den Wiederbeschaffungskosten der Investition aufbauen, gelingt das durch die Prognoseunsicherheit bei der Festlegung des Wiederbeschaffungswertes so gut wie nie ganz exakt.

Lager- oder Vorratsinvestitionen sind Investitionen in Roh-, Hilfs- und Betriebsstoffe und Handelswaren des Unternehmens, um den laufenden Geschäftsbetrieb aufrecht zu erhalten.

Verbesserungs- oder Rationalisierungsinvestitionen werden durchgeführt, um die Produktivität in den betrieblichen Abläufen zu verbessern. Diese gehen oft – aber nicht zwangsläufig – mit einer erhöhten Automatisierung und Standardisierung der Produktion oder anderer betrieblicher Abläufe einher, die verbessert, also produktiver gemacht werden sollen.

Umweltschutz- bzw. ökologische Investitionen sind mit einem sehr speziellen Zweck verbunden, der vor dem Hintergrund des weltweiten Klimawandels immer wichtiger wird. Da viele Unternehmen sich seit Jahren bemühen, eine aussagefähige ökologische bzw. nachhaltigkeitsorientierte Unternehmensrechnung zu entwickeln, wird der exakte Ausweis dieser zweckorientierten Investitionen immer wichtiger.

Daneben werden Investitionen nach buchhalterischen Kriterien unterschieden. Die **Bruttoinvestitionen** sind die gesamten Investitionen eine Periode (meist des betrachteten Geschäftsjahres, denkbar sind aber auch kürzere Perioden wie Geschäftsquartale oder auch Monatsabrechnungen). Zieht man von den Bruttoinvestitionen die Re-Investitionen (Ersatzinvestitionen) ab, so kommt man zu den **Nettoinvestitionen**.

Auf der internationalen Ebene ist der Begriff der **Direktinvestitionen** zu finden. Das sind grenzüberschreitende Investitionen (Kapitalexport). Die Investition eines deutschen Unternehmens in China ist eine Direktinvestition in China, die Investition eines thailändischen Konzerns in Frankreich ist eine Direktinvestition in Frankreich. In der englischsprachigen Literatur findet man die Direktinvestitionen unter dem Begriff „Foreign Direct Investment“ (FDI). Hierzu finden Sie detaillierte Statistiken im World Investment Report 2023 der UNCTAD.

Eine Investition bedingt, wie beschrieben, den Einsatz von Mitteln. Das ist durchaus über den Einsatz von Sachmitteln möglich. Um eine Investition finanziell bewerten zu können, müssen aber auch bei Sachmitteln die entsprechenden finanziellen Mittel in die Investitionsrechnung einfließen. Das ist eine ähnliche Vorgehensweise wie bei der Verbuchung von Verbindlichkeiten in der Bilanz: Sie werden mit dem Erfüllungsbetrag angesetzt, der entweder der vereinbarten Geldleistung entspricht oder bei einer Sachverbindlichkeit dem Geldbetrag, der für deren Beschaffung aufzuwenden ist. Auf die Investitionsrechnung übertragen bedeutet das: Ausgangspunkt für die Beurteilung einer Investition sind die mit ihr verbundenen Geldflüsse oder die in Geld bewerteten Sachinvestitionen oder Rückflüsse.[3]

Hat ein privater Investor oder ein Unternehmer nicht genug eigene finanzielle Mittel, um eine Investition zu finanzieren, so geht der Investition selbst noch die Phase der **Kapitalbeschaffung** voraus. Die Inanspruchnahme von Fremdkapital ist dabei mit mehreren Stolpersteinen versehen:

- Fremdkapital steht in der Regel nicht unbegrenzt zur Verfügung. Viele Modelle gehen zwar zwecks Vereinfachung davon aus, dass es möglich ist, jederzeit jede denkbare Summe am Kapitalmarkt aufzunehmen oder bei Bedarf auch anzulegen. Die Realität begrenzt diese Modellannahmen aber durch Kreditlimitierungen, die Notwendigkeit des Stellens von Sicherheiten und letztendlich auch durch das persönliche Urteil des potenziellen Kreditgebers über die zu finanzierende Investition.
- Fremdkapital kostet Geld.[4] Diese Fremdkapitalkosten sind im Wesentlichen die Zinsen.[5] Eine Investition selbst muss „sich rechnen“. Das findet seinen Ausdruck in der internen Verzinsung der Investition. Wäre das Fremdkapital teurer als die interne Verzinsung des Projektes, wäre eine Fremdkapitalverzinsung uninteressant; ist hingegen die Fremdkapitalverzinsung geringer als die interne

[3] Ein praktisches Beispiel für Rückflüsse in Sachleistungen findet sich in einigen ökologisch arbeitenden landwirtschaftlichen Betrieben, bei denen sich Anleger in finanzieller Form beteiligen können und ihre laufende Verzinsung des eingezahlten Kapitals in Form der angebauten Lebensmittel bekommen.
[4] Selbstverständlich kostet auch Eigenkapital Geld. Aber die Ausschüttung von Dividenden oder Gewinnanteilen hängt üblicherweise vom Unternehmenserfolg ab. Die Zinsen, die ein Kreditgeber wie eine Bank oder einer Versicherung fordert, sind nicht vom Unternehmenserfolg abhängig.
[5] Von Kreditnebenkosten wird hier der Einfachheit halber abstrahiert, da sie in die Berechnung eines Effektivzinses einfließen können.

Verzinsung der Investition, lohnt es sich, auf eine Eigenkapitalfinanzierung zu verzichten und die Investition voll über Fremdkapital zu finanzieren.[6]

In den seltensten Fällen steht einem Unternehmer für sein Kapital nur eine mögliche Investitionsalternative zur Verfügung. Dann stellt sich darüber hinaus die Frage der Wahl der sinnvollsten Alternative. Zur Beurteilung verschiedener Investitionen werden wir in diesem Lehrbuch mehrere grundlegende Methoden vorstellen. Eine Auswahl von grundlegenden Fragen eines Investors lauten somit:

- Wo lege ich mein Geld an?
- Gebe ich es der Bank, investiere ich es selbst, verleihe ich es privat oder wie möchte ich mein Geld oder fremdfinanziertes Geld einsetzen?
- Beschaffe ich mir das Geld am Kapitalmarkt oder bei privaten Investoren?
- Was gibt der Markt her und welche Zukunftserwartungen habe ich oder die Gesellschaft?
- In welche Märkte oder Wertpapiere investiere ich?
- Welche Risiken bin ich bereit einzugehen? In welchen Ländern investiere ich?[7]
- Was sind meine persönlichen Präferenzen und Wünsche? Habe ich persönliche Beschränkungen bei Investitionen aufgrund ethischer Überlegungen?[8]
- Wie viel Geld gebe ich bei unterschiedlichen Risiken aus?

Bei der Entscheidung über Investitionen ist es auch wichtig, sich über die Entscheidungsträger und die damit verbundenen Probleme klar zu sein: Welche Interessen und persönlichen Präferenzen hat der angestellte Geschäftsführer einer GmbH oder der Vorstand einer AG und welche Interessen und Ziele hat „das Unternehmen" selbst?[9]

---

[6] Das ist natürlich an dieser Stelle eine sehr stark vereinfachende Betrachtung. Steuern und die steuerliche Abzugsfähigkeit von Fremdkapitalzinsen können diese Aussage unter bestimmten Voraussetzungen falsifizieren. Wir werden auf dieses „Steuerparadoxon„ im Laufe unserer Ausführungen näher eingehen. Zudem ist eine vollständige Fremdkapitalfinanzierung oft deshalb nicht möglich, weil die Kreditgeber erwarten, dass der Investor einen Teil des Risikos auch selbst übernimmt und Eigenkapital in die Investition steckt. Im privaten Bereich ist dieses Prinzip in der Immobilienfinanzierung bekannt: Wer sich eine selbstgenutzte Immobilie kaufen will wird meist nur dann einen Kredit dafür von seiner Bank bekommen, wenn er 20 % bis 30 % des Kaufpreises als Eigenkapital in die Gesamtfinanzierung mit einbringt.

[7] Risikobeispiele: z. B. Griechenland, Syrien

[8] Beispielsweise Anlagefonds, die explizit nur ethisch einwandfreie oder nachhaltige Anlagen eingehen.

[9] „Das Unternehmen" umfasst dabei eine Unzahl möglicher Interessenten. Das sind nicht nur die „Shareholder", also die Eigentümer des Unternehmens, sondern die unterschiedlichsten „Stakeholder„, die neben den Share-

Sind diese eventuell auch mit unterschiedlichen Interessen miteinander in Einklang zu bringen? Diese Thematik wird in einschlägiger Literatur unter dem Stichwort „Principal Agent-Problematik“ behandelt, geht aber über unseren Themenrahmen der Grundlagen der Investitionsrechnung hinaus.[10]

Warum ist die Investitionsrechnung überhaupt ein Management-Thema? Eigentlich könnte man doch auch davon ausgehen, dass einzelne Unternehmensbereiche oder Abteilungen besser wissen, was bei ihnen gebraucht wird? Manche Unternehmen tragen dieser Tatsache dadurch Rechnung, dass sie dem mittleren Management bis zu eine gewissen Investitionssumme Entscheidungskompetenzen übertragen. Dennoch ist es für das Top-Management auch bei solchen Voraussetzungen elementar, den Überblick zu behalten:

- Investitionen nehmen knappe Ressourcen in Anspruch. Dabei geht es nicht nur um Kapital, sondern auch um Personal, das bei der Planung und der Durchführung einer Investition gebunden und gegebenenfalls später sogar noch zusätzlich gebraucht wird, um die Investition (beispielsweise eine Produktionsanlage) sinnvoll betreiben zu können.
- Das Top-Management hat ggfs. einen anderen Blickwinkel auf die Entwicklung einzelner Bereiche und des gesamten Unternehmens als die einzelnen Bereiche selbst. Ist beispielsweise auf der obersten Management-Ebene geplant, einzelne Unternehmensbereiche in absehbarer Zukunft zu verkaufen, kann es Sinn machen, beispielsweise anstehende Ersatzinvestitionen zu verschieben, weil der Erwerber ohnehin ganz andere Pläne hat. Es kann aber auch durchaus Sinn machen, gerade in solchen Bereichen zu investieren, um den Bereich für mögliche Interessenten „aufzuhübschen“.
- Die Erwartung an das Top-Management ist, dass diese Personengruppe einen strategischeren, langfristigeren Blick auf die Investitions- und Ressourcenplanung hat, als einzelne Bereiche, die eventuell einander widerstrebende Interessen haben. Dazu zählt auch, Investitionen, die zunächst nicht sinnvoll erscheinen, weil sie sich „nicht rechnen“, so umzugestalten, dass sie – beispielsweise durch die gemeinsame Nutzung einer Maschine in mehreren Bereichen eines Unternehmens – sich doch rechnen.

---

holdern auch Kunden, Lieferanten, Mitarbeiter bis hin zur breiten, an der Tätigkeit des Unternehmens interessierten Öffentlichkeit umfassen.

[10] Grossman, S. J./Hart, O., An Analysis of the Principal Agent Problem, Econometrica, Bd. 51, Nr. 1, Januar 1983, S. 7 ff.; Holmström, B., Moral Hazard and Observability, The Bell Journal of Economics, Bd. 10, Nr. 1, Spring 1979, S. 74 ff..

Exkurs: Anpassung einer Investition durch das „Top-Management"

Betrachten wir das Beispiel eines Landwirtes, der den Kauf eines Mähdreschers in Erwägung zieht. Für einen einzelnen Bauern alleine lohnt sich eine solche Anschaffung, die bei einem solchen Investitionsobjekt schnell in mittlere sechsstellige Summen geht, nicht, da er zu wenig Felder hat, ihm also die Möglichkeit der Erwirtschaftung von Rückflüssen aus der Investition fehlt. Hätte er das Geld dafür selbst, könnte er entscheiden: „Ist mir egal, ich will meinen eigenen Mähdrescher, den ich dann benutzen kann, wenn ich ihn brauche". Hat er aber nur einen Teil des notwendigen Geldes als Eigenkapital und ist für die volle Investitionssumme auf Fremdkapital angewiesen, wird er sich beim Firmenkundenberater seiner Hausbank eine Abfuhr holen, wenn sich der Mähdrescher nicht rechnet, wenn er nur auf seinem Bauernhof eingesetzt wird.

Der Landwirt ist sein eigenes Top-Management und muss die Entscheidung über die Investition selbst fällen bzw. die Investitionsplanung so anpassen, dass sie sich rechnet.

Eine Möglichkeit bestünde sicherlich darin, auf den Kauf des Mähdreschers zu verzichten und spezielle Dienstleister in Anspruch zu nehmen, die solche Maschinen teilweise inklusive Fahrer vermieten. Hat unser „Agrar-Manager" aber damit schlechte Erfahrungen gemacht, weil er beispielsweise in der Vergangenheit zu den von ihm benötigten Zeiten keine Maschine bekommen hat[11], will er diese Unsicherheit in Zukunft gerne vermeiden.

Baut er daraufhin seinen Investitionsplan in der Form um, dass er den Mähdrescher zu Zeiten, in denen er ihn selbst nicht benötigt, an benachbarte Bauernhöfe vermietet, ändern sich die erzielbaren Rückflüsse durch die zusätzlichen Mieteinnahmen, und der Firmenkundenberater seiner Hausbank kann grünes Licht für den Kredit und damit die gesamte Investition geben.

Durch eine Management-Entscheidung wurde damit in diesem Fall das Geschäftsmodell des Bauernhofes geändert (nicht nur Produktion, sondern auch Vermietung), der Investitionsplan geändert (zusätzliche Einnahmen aus der Vermietung des Mähdreschers) und damit eine strategische Entscheidung für die weitere Entwicklung des Unternehmens getroffen.

Langlebige Konsumgüter werden im privaten Bereich gerne als Investition betrachtet. Auch militärische Güter werden in militärischen Kreisen gerne als Investition „verkleidet". Der Erwerb von Wissen und Kenntnissen hat sich mittlerweile sprachlich zu „Investitionen

[11] Die Geschäfte solcher Vermietfirmen für landwirtschaftliche Geräte sind naturbedingt sehr saisonal, so dass es zu Erntezeiten durchaus zu Engpässen kommen kann, insbesondere wenn vielleicht eine Maschine auch noch defekt ausfällt.

ins Humankapital„ hochgearbeitet. Im klassischen betriebswirtschaftlichen Sinn gehören diese aber alle nicht zu den Investitionen.

Im Folgenden werden wir verschiedene Methoden kennen lernen, die uns in der Rolle des Entscheiders helfen können, über die Sinnhaftigkeit einer Investition zu urteilen. Investitionen, die auf den ersten Blick nicht sinnvoll erscheinen, verdienen immer einen zweiten unternehmerischen Blick, wie unser obiger Exkurs gezeigt hat.

Unser Plan sieht vor, den Leser zunächst mit den Grundlagen der Investitionsrechnung, dem Cashflow (Kapitel 2) vertraut zu machen, sofern das noch nicht aus dem Rechnungswesen bekannt ist. Daran schließen sich dann die einfachen Modelle der Investitionsrechnung unter sicheren Erwartungen an (Kapitel 3). Wir sind uns der Tatsache völlig bewusst, dass das eine sehr realitätsferne Annahme ist. Diese Vereinfachung ist aber sinnvoll, um überhaupt einen Einstieg in die Methodik der Investitionsrechnung zu ermöglichen. Ist dieses Fundament gelegt, können wir in einem weiteren Schritt die Modelle verkomplizieren, insbesondere die Annahme sicherer Erwartungen aufheben und Entscheidungen unter Unsicherheit betrachten (Kapitel 4). Diese bilden die Grundlage für das Thema der Risikostreuung und auch für das Capital Asset Pricing-Modell (CAPM), das trotz seiner unbestreitbaren Defizite auch in der Praxis seinen Platz gefunden hat.

Alle Kapitel sind jeweils am Ende um Übungsaufgaben mit Musterlösungen ergänzt, die neben der Übung des theoretisch Erlernten insbesondere der Klausurvorbereitung dienen sollen.

2 Cashflow als Grundlage der Investitionsrechnung

Lernziele

Dieses Kapitel hat zum Ziel, dass Sie

- Cashflow und Gewinn klar voneinander unterscheiden können,
- aus- und einzahlungsrelevante Tatbestände identifizieren können,
- Working Capital und Net Working Capital als Bestandteil der Cashflow-Rechnung verwenden können und
- den operativen Cashflow nach der direkten und indirekten Methode sowie weitere Cashflow-Größen berechnen können.

An dieser Stelle wird in vielen Lehrbüchern gerne über das Thema Shareholder Value philosophiert. Die Diskussion, ob das der richtige Ansatz ist, oder ob vielmehr auch andere Stakeholder wie Kunden, Lieferanten, Mitarbeiter, Staat u.v.m. zu berücksichtigen sind, soll hier nicht geführt werden. Die Diskussion ist als Thema in sich sehr wichtig, und gerade die extreme Shareholder Value-Orientierung des US-amerikanischen Kapitalmarktes mit allen negativen Folgen stellt eine räsonable Grundlage für die Berücksichtigung weiterer Interessen als nur die der Eigenkapitalgeber dar.

Für die Investitionsrechnung, das Kernthema dieses Buches, sind Interessen von „Nicht-Shareholdern“ aber nicht von Belang. Tragendes Element der Investitionsrechnung ist das Eigenkapital. Sicherlich können Investitionen auch teilweise oder vollständig mit Fremdkapital finanziert werden. Letztendlich wird aber auch eine fremdfinanzierte Investition nur dann als sinnvoll erachtet, wenn sie dem Eigenkapital zuträglich ist, also mindestens die kalkulatorische Verzinsung des Eigenkapitals und damit dessen Opportunitätskosten erreicht.

Vor diesem Hintergrund wird die Shareholder Value-Orientierung der Investitionsrechnung nicht diskutiert oder in Frage gestellt, sondern als Basis des weiteren Vorgehens akzeptiert.

2.1 Der Gewinn

Ein Unternehmen, das langfristig am Markt bestehen will, muss Gewinn erwirtschaften. Diese uralte volkswirtschaftlich fundierte Weisheit kennt kurzfristige Ausnahmen, beispielsweise wenn mit einem Auftrag wenigstens die variablen Kosten der Produktion gedeckt werden können. In der Betriebswirtschaftslehre hat sich daraus die Deckungsbeitragsrechnung entwickelt.

Nun stellt sich zurecht die Frage: Kann eine einzelne Investition nicht als eine „fiktive Unternehmung" betrachtet werden, die Gewinn abwerfen muss? Die Antwort ist nicht ganz so einfach, wie sie auf den ersten Blick vielleicht erscheint. Aus den Grundlagen des Rechnungswesens sollte Ihnen noch in Erinnerung sein, dass der betriebswirtschaftliche Gewinn definiert ist als:

$$\text{Gewinn} = \text{Ertrag} - \text{Aufwand}$$

Diese Größe wird, je nachdem, ob wir uns im Handels- oder Steuerrecht bewegen, unterschiedlich hoch ausfallen, da das Handels- und das Steuerrecht für die Ertrags- und Aufwandsdefinitionen in einigen Details unterschiedliche Vorschriften kennen. In jedem Fall enthält der so ermittelte Gewinn nicht zahlungswirksame Erträge und Aufwendungen. Dadurch wird die Aussagekraft des Gewinns im Hinblick auf die Ertrags- und Finanzkraft eines Unternehmens – und damit auch unseres „fiktiven Unternehmens" einer einzelnen Investition – gemindert. Wir brauchen also eine Alternative.

2.2 Nicht aus- oder einzahlungsrelevante Tatbestände

Beispiele für nicht aus- oder einzahlungsrelevante Tatbestände kennen Sie aus den Grundlagen des Rechnungswesens bei der Erstellung einer Kapitalfluss- oder Cashflow-Rechnung.

Beispiele für nicht zahlungsrelevante Erträge	Beispiele für nicht zahlungsrelevante Aufwendungen
• Entnahme aus Rücklagen • Minderung des Gewinnvortrages • Zuschreibungen • Auflösung von Wertberichtigungen • Minderung der Sonderposten mit Rücklageanteil • Auflösung von Rückstellungen • Bestandserhöhungen an fertigen und unfertigen Erzeugnissen • Aktivierte Eigenleistungen • Periodenfremde und außerordentliche Erträge	• Einstellungen in die Rücklagen • Erhöhung des Gewinnvortrages • Abschreibungen • Erhöhung der Sonderposten mit Rücklageanteil • Erhöhung der Rückstellungen • Bestandminderung an fertigen und unfertigen Erzeugnissen • Periodenfremde und außerordentliche Aufwendungen

Tabelle 1: Nicht zahlungsrelevante Tatbestände

Nicht zahlungsrelevante Erträge sind vom Gewinn zu subtrahieren, nicht zahlungsrelevante Aufwendungen sind zum Gewinn zu addieren, um zum Cashflow zu kommen.

2.3 Ermittlung des Cashflows

Im Gegensatz zur oben angeführten Gewinndefinition, die mit Ertrag und Aufwand arbeitet, gilt als Grunddefinition des Cashflows:

Cashflow = Einzahlungen – Auszahlungen

Damit lässt sich der Cashflow definieren als der Teil der einzahlungswirksamen Erlöse eines Geschäftsjahres, dem im gleichen Geschäftsjahr keine auszahlungswirksamen Aufwendungen gegenüberstehen. Er stellt Mittel der Innenfinanzierung zur Verfügung, die für folgende Verwendungen in Frage kommen:

- Investitionen ins Working Capital
- Investitionen ins Anlagevermögen
- Rückzahlungen an Fremdkapitalgeber
- Zahlungen an die Eigenkapitalgeber

Dieser allgemeinen Definition des Cashflows steht die des operativen Cashflows zur Seite. Beim operativen Cashflow sind die Investitionen ins Working Capital bereits erfasst, so dass der operative Cashflow nur noch für folgende Verwendungen in Frage kommt:

- Investitionen ins Anlagevermögen
- Rückzahlungen an Fremdkapitalgeber
- Zahlungen an die Eigenkapitalgeber

Nach Addition des Cashflows aus Investitions- und aus Finanzierungstätigkeit verbleibt am Ende der Free Cashflow, welcher nur noch für Zahlungen an Eigenkapitalgeber (Dividenden bzw. Ausschüttung) zur Verfügung steht.

Exkurs: Working Capital und Net Working Capital

Working Capital	= Umlaufvermögen	– kurzfristige Verbindlichkeiten
	= Umlaufvermögen	– Verbindlichkeiten mit Restlaufzeit bis zu einem Jahr
		– Steuerrückstellungen
		– Sonstige Rückstellungen
		– Passiver Rechnungsabgrenzungsposten (PRAP)

Ein positives Working Capital bedeutet, dass ein Teil des Umlaufvermögens mit langfristig zur Verfügung stehendem Fremdkapital finanziert wird.

Ein negatives Working Capital bedeutet, dass das Umlaufvermögen nicht ausreicht, die kurzfristigen Verbindlichkeiten zu decken. Damit wird im Umkehrschluss ein Teil des Anlagevermögens kurzfristig finanziert, was einen Verstoß gegen die „Goldene Bilanzregel" darstellt.

Ein sehr hohes Working Capital kann auf eine zu hohe Bindung kurzfristigen Vermögens im Unternehmen hindeuten, was negativ auf die Eigenkapitalrentabilität wirken kann.

Net Working Capital	= Umlaufvermögen	– liquide Mittel
		– kurzfristiges Fremdkapital
	= Umlaufvermögen	– liquide Mittel
		– Verbindlichkeiten mit Restlaufzeit bis zu einem Jahr
		– Steuerrückstellungen
		– Sonstige Rückstellungen
		– Passiver Rechnungsabgrenzungsposten (PRAP)

Mit Hilfe der Kennzahl **Net Working Capital** (auch Netto-Umlaufvermögen genannt) kann ermittelt werden, welcher Teil des Vermögens kurzfristig zur Generierung von Umsatz zur Verfügung steht und nicht durch Fremdmittel finanziert ist.

Ein praxisnahes Tableau für die Ermittlung des Net Working Capital sieht wie folgt aus:

Net Working Capital
= Forderungen aus Lieferung und Leistung
\+ Vorräte
\+ Geleistete Anzahlungen
\+ Sonstige Forderungen
\+ Aktive Rechnungsabgrenzungsposten (Ausgabe jetzt, Aufwand später)
– Verbindlichkeiten aus Lieferung und Leistung
– Rückstellungen
– Erhaltene Anzahlungen
– Sonstige Verbindlichkeiten
– Passive Rechnungsabgrenzungsposten (Einnahme jetzt, Ertrag später)

Für die Ermittlung des Cashflows sind zwei verschiedene Wege gangbar: die direkte und die indirekte Methode.

2.3.1 Direkte Methode

Grundlage der direkten Methode ist die Ermittlung des Cashflows durch die Saldierung der erfolgswirksamen Einzahlungen mit den erfolgswirksamen Auszahlungen eines Jahres. Zu den erfolgswirksamen Einzahlungen zur Ermittlung des operativen Cashflow, d. h. des Cashflows aus der regelmäßigen Geschäftstätigkeit gehören Einzahlungen aus Umsätzen und Forderungen sowie sonstige Einzahlungen. Erfolgswirksame Auszahlungen sind dann Auszahlungen für Personal, Material, Waren und Verbindlichkeiten sowie sonstige Auszahlungen.

Für die Ermittlung des Cashflows aus Investitionstätigkeit sind als erfolgswirksame Einzahlungen Desinvestitionen und als erfolgswirksame Auszahlungen Investitionen zu berücksichtigen.

Zur Ermittlung des Cashflows aus Finanzierungstätigkeit sind als erfolgswirksame Einzahlungen Eigenkapitaleinlagen und Fremdkapitalaufnahmen, als erfolgswirksame Auszahlungen Eigenkapitalentnahmen und Fremdkapitaltilgungen zu berücksichtigen.

Der Free Cashflow steht den Eigenkapitalgebern zur Ausschüttung zur Verfügung.

Die direkte Methode der Ermittlung des Cashflows wird in Unternehmen nur selten angewendet, weil die auf Größen zurückgreift, welche die Buchhaltung nicht standardmäßig verfügbar hat.

	Umsätze		
+	Abnahme von Forderungen		
+	sonstige Einzahlungen		
–	Auszahlungen für Personal, Material, Waren		
–	Zunahme von Verbindlichkeiten		
=	**Operativer Cashflow**		**Operativer Cashflow**
	Desinvestitionen		
–	Investitionen		
=	**Cashflow aus Investitionstätigkeit**	+	**Cashflow aus Investitionstätigkeit**
	Eigenkapitaleinlagen		
+	Fremdkapitalaufnahmen		
–	Eigenkapitalentnahmen		
–	Fremdkapitaltilgungen		
=	**Cashflow aus Finanzierungstätigkeit**	+	**Cashflow aus Finanzierungstätigkeit**
=	**Free Cashflow**		

2.3.2 Indirekte Methode

Die indirekte Methode zur Ermittlung des Cashflows wird in den Unternehmen klar bevorzugt, da alle dafür notwendigen Größen direkt der Buchhaltung entnommen werden können. Startpunkt bei der indirekten Ermittlung des Cashflows ist der bilanzielle Gewinn, der um auszahlungsunwirksame Erträge und Aufwendungen korrigiert wird.

Die Ermittlung des Cashflows aus Investitions- und Finanzierungstätigkeit sowie des Free Cashflows erfolgt genauso wie bei der direkten Methode dargestellt.

Auf den ersten Blick scheint die indirekte Methode viel aufwändiger zu sein, da sie von einem bilanziell zu ermittelnden Resultat ausgehend sehr viel mehr Korrekturposten enthält als die direkte Methode. Wie bereits erwähnt, sind das aber alles Positionen, welche die Buchhaltung ohnehin vorhält, und die mit entsprechender EDV-Unterstützung per Knopfdruck verfügbar sind. Zudem hat sich auch im Rahmen internationaler Bilanzierungsregeln (IFRS, US-GAAP) die Darstellung einer Kapitalflussrechnung nach der indirekten Methode weltweit durchgesetzt.

	Jahresüberschuss nach Steuern[12]
+	Abschreibungen
–	Zuschreibungen
+	Erhöhungen des Net Working Capital
–	Verminderungen des Net Working Capital
+	Erträge aus dem Abgang von Vermögensgegenständen
–	Verluste aus dem Abgang von Vermögensgegenständen
=	**operativer Cashflow**[13]

2.4 Übungsaufgaben

Aufgabe 1

In Ihrem zweiten größeren Praktikum in einem Produktionsbetrieb werden Sie in der Abteilung Rechnungswesen eingesetzt. Die Abteilungsleiterin Frau Gauß legt Ihnen für das abgelaufene Geschäftsquartal folgende Daten vor:

• Umsatz aus Produktverkauf		25.000.000 €
davon bereits bezahlt		*24.500.000 €*
• Wareneinkauf bei Lieferanten		21.000.000 €
davon	*ins Lager*	*1.000.000 €*
	noch offene Posten	*200.000 €*
• Verwaltung und Vertrieb		2.400.000 €
davon bereits bezahlt		*90 %*
• Abschreibungen auf AV		250.000 €
• Investitionen		350.000 €
• Tilgung Bankkredit		110.000 €
• Gewinnsteuern		1.000.000 €
davon Rückstellung wegen strittigen Bescheides		*80.000 €*

Um Ihr Potenzial für weitere Einsätze in der Abteilung einschätzen zu können, bitte Frau Gauß Sie, den Überschuss nach Steuern, den Cashflow nach der direkten und indirekten Methode sowie den Free Cashflow der Eigenkapitalgeber für das abgelaufene Geschäftsquartal zu bestimmen.

[12] Steuern sind in aller Regel zahlungswirksam. Ausnahmen gibt es beispielsweise bei strittigen Steuerbescheiden, für die ggfs. eine Rückstellung zu bilden ist. In diesen Fällen wäre eine Korrektur des Jahresüberschusses nach Steuern um die Zuführung zu den Rückstellungen notwendig.

[13] Die hier verwendete Methode basiert auf einer Vereinfachung. In der betrieblichen Praxis ist die Anpassung des Jahresüberschusses um Veränderungen des Gewinnvortrages, Bestandsänderungen an fertigen und unfertigen Erzeugnissen, aktivierte Eigenleistungen u. v. m. zu korrigieren.

Musterlösung

Umsatz	25.000.000 €
– Wareneinsatz	20.000.000 €
– Verwaltung und Vertrieb	2.400.000 €
– Abschreibungen auf AV	250.000 €
– Steuern	1.000.000 €
= Überschuss nach Steuern	**1.350.000 €**

Erläuterung:
Die verwendeten Größen gehen bis auf den Wareneinsatz direkt aus den obigen Angaben hervor. Der Anteil von 1.000.000 € am Wareneinkauf, der ins Lager geht, stellt eine nicht erfolgswirksame Umbuchung dar (Tausch liquide Mittel gegen Lagerbestand).

Zahlungswirksame Umsatzerlöse	24.500.000 €
– zahlungswirksamer Wareneinsatz	20.800.000 €
– zahlungswirksame Vertriebs- und Verwaltungskosten	2.160.000 €
– zahlungswirksame Steuern	920.000 €
= operativer Cashflow (direkte Methode)	**620.000 €**

Erläuterung:
Hier fließen nur die zahlungswirksamen Größen ein. Noch ausstehende Forderungen (wie beim Umsatz) oder noch ausstehende Zahlungsverpflichtungen (Wareneinsatz, Vertrieb und Verwaltung) oder Eventualitäten (Steuerrückstellung) werden hierbei nicht berücksichtigt.

Überschuss nach Steuern	1.350.000 €
+ Abschreibungen auf AV	250.000 €
+ Veränderung der (Steuer-)Rückstellungen	80.000 €
+ Veränderung Verbindlichkeiten aus Lieferung und Leistung (LuL)	
Wareneinsatz	200.000 €
Vertrieb und Verwaltung	240.000 €
– Erhöhung der Vorräte (Lager)	1.000.000 €
– Erhöhung der Forderungen aus LuL (Waren)	500.000 €
= operativer Cashflow (indirekte Methode)	**620.000 €**

Erläuterung:
Bei der indirekten Methode wird der Überschuss nach Steuern um die nicht zahlungswirksamen Elemente korrigiert. Das Ergebnis ist in jedem Fall das gleiche wie bei der direkten Methode.

Operativer Cashflow	620.000 €
– Investitionen	350.000 €
– Tilgung Bankkredit	110.000 €
= Free Cashflow der Eigenkapitalgeber	**160.000 €**

Erläuterung:
Durch die Berücksichtigung der zahlungswirksamen Investitionen (Cashflow aus Investitionstätigkeit) und der zahlungswirksamen Finanzaktivitäten (Cashflow aus Finanzierungstätigkeit) gelangt man vom operativen Cashflow zum Free Cashflow der Eigenkapitalgeber.

Aufgabe 2

Die Showtime AG will ihren Umsatz von 523 Mio. € im Jahr 2023 auf 556 Mio. € im Jahr 2024 steigern. Der dabei entstehende Finanzbedarf des Working Capital soll aus dem erwirtschafteten Cashflow in Höhe von 157 Mio. € gedeckt werden. Die prozentualen Anteile am Umsatz der Forderungen aus Lieferung und Leistung (LuL) (13 %), des Vorratsbestandes (21 %) und der Verbindlichkeiten aus LuL (17 %) sollen konstant bleiben. Die Rückstellungen sollen von 55 Mio. € um 15 % steigen. Um die anvisierte Umsatzsteigerung realisieren zu können, plant die Showtime AG für 2024 Investitionen in Höhe von 60 Mio. €. Im Laufe des Geschäftsjahres sind zudem Tilgungen für Bankdarlehen in Höhe von 15 Mio. € fällig, welche auf Grund der schlechten Konditionen nicht verlängert werden sollen. Mit der Bank ist aber ein neuer Kredit zu günstigeren Konditionen ausgehandelt, der dem Unternehmen einen Mittelzufluss von 12 Mio. € in 2024 sichert.

Der Vorstand fordert von der Abteilung Rechnungswesen/Controlling die Veränderung des Working Capital im Vergleich zum Vorjahr und den zu erwartenden operativen Cash Flow an. Im Vorfeld der in Kürze stattfindenden Jahreshauptversammlung der Aktionäre fordert der Vorstand darüber hinaus auch den zu erwartenden Free Cash Flow der Eigenkapitalgeber an.

Musterlösung

geplante Veränderung des Umsatzes (556 Mio. € – 523 Mio. €)	33,00 Mio. €
geplante Veränderung der Forderungen (13 %*33 Mio. €)	4,29 Mio. €
+ geplante Veränderung des Vorrates (21 %*33 Mio. €)	6,93 Mio. €
– geplante Veränderung der Verbindlichkeiten (17 %*33 Mio. €)	5,61 Mio. €
– geplante Veränderung der Rückstellungen (15 %*55 Mio. €)	8,25 Mio. €
= geplante Veränderung des Net Working Capital	**–2,64 Mio. €**

geplanter Cashflow	157,00 Mio. €
– geplante Veränderung des Net Working Capital	-2,64 Mio. €
= geplanter operativer Cashflow	**159,64 Mio. €**

geplanter operativer Cashflow	159,64 Mio. €
– Investitionen in AV	60,00 Mio. €
– Kredittilgung	15,00 Mio. €
+ Kreditaufnahme	12,00 Mio. €
= Free Cashflow der Eigenkapitalgeber	**96,64 Mio. €**

Aufgabe 3

Welche Maßnahmen können Sie ergreifen, wenn der Cashflow aus Ihrer unternehmerischen Sicht nicht optimal ist und verbessert im Sinne von erhöht werden soll?

Musterlösung

Einerseits ist die Erhöhung einzahlungsrelevanter Tatbestände ins Auge zu fassen. Dazu gehören Umsatzsteigerungen, ein strikteres Forderungsmanagement sowie Anreize für Debitoren für schnellere Zahlungen, wie beispielsweise höhere Skonti. Dabei ist zu berücksichtigen, dass Umsatzsteigerungen oft mit Marketingausgaben einhergehen, ein strikteres Forderungsmanagement evtl. Kunden abschrecken kann und hohe Skonti ggfs. auch zu einer umfangreichen Inanspruchnahme derselben führt, was die ursprüngliche Intention konterkarieren kann.

Andererseits ist die Senkung auszahlungsrelevanter Tatbestände ein weiterer möglicher Ansatzpunkt. Dazu gehören die Inanspruchnahme von Zahlungszielen bei Verbindlichkeiten aus Lieferung und Leistung, ein günstigerer Waren- oder Materialeinkauf, ggfs. die Produktion an günstigeren Standorten u. v. m. Dabei ist zu beachten, dass Zahlungsziele bzw. die Nicht-Inanspruchnahme von Skonti meist einen sehr hohen Kreditzinssatz bedingen, dass günstigere Materialien oder Waren möglichweise auch qualitativ schlechter sein können und die Produktion an anderen Standorten oft mit hohen Umzugs- und weiteren Transaktionskosten verbunden sein können, was die ursprüngliche Intention konterkarieren kann.

Aufgabe 4
Im Jahr 2023 wurden die folgenden Geschäftsfälle in der Buchhaltung der Neur AG erfasst:

Kauf eines neuen Gabelstaplers	30.000 € (netto)
Kreditaufnahme	125.000 €
Monatliche Gehaltszahlungen	45.000 €
Abschreibungen auf BuG[14]	50.000 €
Monatliche Verwaltungsaufwendungen	30.000 €
Umsatzerlöse im Jahr 2023	8.000.000 € davon 80 % zahlungswirksam
Kauf von Handelswaren	3.000.000 € davon 60 % zahlungswirksam
Monatliche Zinseinnahmen aus Investitionen	3.000 €
Kapitalerhöhung (Aktienemission)	250.000 €

Ermitteln Sie den Cashflow aus laufender Geschäftstätigkeit, den Cashflow aus Investitionstätigkeit, den Cashflow aus Finanzierungstätigkeit sowie den Free Cashflow der Gesamtkapitalgeber.

Musterlösung

Zahlungswirksamer Umsatz	6.400.000 €
Zahlungswirksamer Kauf von Handelswaren	–1.800.000 €
Jährliche Gehaltszahlung	–540.000 €
Jährliche Verwaltungsaufwendungen	–360.000 €
Cashflow aus laufender Geschäftstätigkeit	*3.700.000 €*
Jährliche Zinseinnahmen aus Investitionen	36.000 €
Kauf eines Gabelstaplers	–30.000 €
Cashflow aus Investitionstätigkeit	*6.000 €*
Kapitalerhöhung	250.000 €
Kreditaufnahme	125.000 €
Cashflow aus Finanzierungstätigkeit	375.000 €
Cashflow aus laufender Geschäftstätigkeit	3.700.000 €
Cashflow aus Investitionstätigkeit	6.000 €
Free Cashflow der Gesamtkapitalgeber	*3.706.000 €*

[14] BuG = Betriebs- und Geschäftsausstattung

Aufgabe 5
Definieren Sie möglichst kurz und prägnant die Aussage der Kennzahl Cashflow, den Zweck einer Cashflow-Analyse und wofür der Cashflow zur Verfügung steht.

Musterlösung
Der Cashflow ist der innerhalb einer Periode in einem Unternehmen erwirtschaftete Zahlungsmittelzufluss.

Eine Cashflow-Analyse dient dem inner- und zwischenbetrieblichen Vergleich.

Der erwirtschaftete Zahlungsmittelzufluss (Cashflow) steht für Investitionen, Entnahmen und Tilgungen zur Verfügung.

Aufgabe 6
Welche Vorgänge bewirken keine Zunahme von finanziellen Mitteln?

a. Durchführung eines Beschlusses einer Kapitalerhöhung aus Gesellschaftsmitteln
b. Aufnahme eines Darlehens
c. Umbuchung von Gewinnen auf die eingerichteten Rücklagenkonten in der Finanzbuchhaltung
d. Durchführung des Beschlusses einer ordentlichen Kapitalerhöhung durch die Ausgabe junger Aktien

Musterlösung
a. Richtig, es handelt sich lediglich um eine Umbuchung vorhandener finanzieller Mittel
b. Falsch, ein Darlehen bedeutet einen Zufluss an finanziellen Mitteln
c. Richtig, auch hier handelt es sich lediglich um eine Umbuchung vorhandener finanzieller Mittel
d. Falsch, die Ausgabe neuer Aktien bringt zusätzliche finanzielle Mittel ins Unternehmen.

Vorsicht: Nur der reine Beschluss würde noch keine zusätzlichen finanziellen Mittel bringen, erst die Durchführung der Kapitalerhöhung bewirkt das!

Aufgabe 7
Die Planerfolgsrechnung eines mittelständischen Unternehmens weist die folgenden Daten aus:

Aufwendungen für Waren (Wareneinsatz)	4.400.000 €

Personalaufwendungen	5.600.000 €
darin enthalten: Zuführungen zu Pensionsrückstellungen	*1.700.000 €*
Abschreibungen	3.600.000 €
Sonstige betriebliche Aufwendungen	1.700.000 €
Steuern von Einkommen und Ertrag	2.400.000 €
Jahresüberschuss	3.600.000 €
Umsatz	21.300.000 €

Sämtliche Verkaufserlöse sind zahlungswirksam. Nach dem Gesellschafterbeschluss ist der Jahresüberschuss zu zwei Dritteln auszuschütten. Ermitteln Sie den

a. Brutto-Cashflow[15]
b. Netto-Cashflow

Musterlösung

a.

Jahresüberschuss	3.600.000 €
+ Steuern von Einkommen und Ertrag	2.400.000 €
+ Abschreibungen	3.600.000 €
+ Zuführungen zu Pensionsrückstellungen	1.700.000 €
= Brutto-Cashflow	11.300.000 €

b.

Brutto-Cashflow	11.300.000 €
– Steuern von Einkommen und Ertrag	2.400.000 €
– Ausschüttung (2/3 von 3.600.000 €)	2.400.000 €
= Netto-Cashflow	6.500.000 €

Aufgabe 8

Sind die folgenden Aussagen richtig oder falsch? Erläutern Sie Ihre Antwort kurz.

a. Die Bezeichnung „Selbstfinanzierung“ ist gleichbedeutend mit „Cashflow“.
b. Durch die Erhöhung der Abschreibungen entsteht ein höherer Cashflow.
c. Wenn sich ein Cashflow von 45 Mio. € aus einem Reinverlust von 15 Mio. € sowie aus Abschreibungen von 60 Mio. € zusammensetzt, so bedeutet dies, dass die Ersatzinvestitionen der

[15] Uns ist durchaus bewusst, dass wir die Begriffe Brutto- und Netto-Cashflow in den obigen Ausführungen nicht verwendet haben, da sie in der Praxis eher selten anzutreffen sind. Die Begrifflichkeiten sollten aber durch die Musterlösung selbsterklärend sein, so dass der Leser diese im Vergleich zu den üblicheren Größen wie operativer Cashflow oder Free Cashflow einordnen kann.

betreffenden Periode nicht aus dem Umsatz finanziert werden können.

Musterlösung

a. Falsch

Die finanziellen Mittel aus dem Cashflow können zur Selbstfinanzierung genutzt werden, aber auch Fremdfinanzierungen beeinflussen durch Kreditaufnahmen den Cashflow positiv oder belasten ihn durch Kredittilgungen.

b. Falsch

Höhere Abschreibungen bedeuten auch einen höheren Aufwand, der den Gewinn belastet. Da der Cashflow in dieser vereinfachenden Betrachtung der Summe aus Gewinn und Abschreibungen entspricht, würde bei höheren Abschreibungen lediglich der Gewinn in gleichem Umfang sinken. Der Cashflow bliebe unberührt.

c. Richtig

Der (zahlungswirksame) Umsatz reicht in diesem Fall nicht aus, um die notwendigen Ersatzinvestitionen von 60 Mio. € zu finanzieren.

Aufgabe 9

Wie in Aufgabe 8b. wird der operative Cashflow mit Hilfe der „Praktiker-Formel“ mitunter als „Reingewinn plus Abschreibungen“ definiert. Weshalb ist diese Formel lediglich eine Annäherung an die korrekte Berechnung?

Zeigen Sie an zwei Zahlenbeispielen, dass die Anwendung der „Praktiker-Formel“ zu falschen Resultaten für den operativen Cashflow führen kann.

Musterlösung

Korrekte Cashflow-Berechnung:

direkt: liquiditätswirksame Erträge – liquiditätswirksame Aufwände

indirekt: Reingewinn + nicht liquiditätswirksame Aufwände – nicht liquiditätswirksame Erträge

Beispiel 1

Reingewinn	25 Mio. €
Abschreibungen	12 Mio. €
Bildung von Rückstellungen	8 Mio. €

Cashflow nach Praktikerformel:

Reingewinn 25 Mio. €	
+ Abschreibungen	12 Mio. €
Cashflow	37 Mio. €

korrekter Cashflow:

Reingewinn	25 Mio. €
+ Abschreibungen	12 Mio. €
+ Rückstellungen	8 Mio. €
Cashflow	45 Mio. €

Beispiel 2

Reingewinn	25 Mio. €
Abschreibungen	12 Mio. €
Zunahme Warenvorräte	7 Mio. €

Cashflow nach Praktikerformel:

Reingewinn	25 Mio. €
+ Abschreibungen	12 Mio. €
Cashflow	37 Mio. €

korrekter Cashflow:

Reingewinn	25 Mio. €
+ Abschreibungen	12 Mio. €
– Zunahme Vorräte	7 Mio. €
Cashflow	30 Mio. €

Aufgabe 10
Warum berechnet man überhaupt den Cashflow und warum ist er eine essentielle Grundlage der Investitionsrechnung?

Musterlösung
Die Daten der Gewinn- und Verlustrechnung sind durch gesetzliche Vorschriften beeinflusst (z. B. Abschreibungen). Es werden dort auch zahlungsunwirksame Geschäftsvorfälle erfasst, wodurch nicht ohne weiteres die tatsächlich im Unternehmen vorhandene Liquidität widergespiegelt wird.

Investitionen erfordern Auszahlungen. Dies können bei einer „Normalinvestition" einmalige Anfangsauszahlungen sein oder auch in späteren Perioden anfallende Auszahlungen für die Fertigstellung oder den Betrieb der Investition. Nur wenn das Unternehmen über genügend liquide Mittel verfügt, diese Auszahlungen sicherzustellen, kann eine Investition überhaupt getätigt werden.

3 Investitionen bei sicheren Erwartungen – Unternehmerträume

Lernziele

Dieses Kapitel hat zum Ziel, dass Sie

- Investitionsentscheidungen unter sicheren Erwartungen beurteilen können,
- das Konzept der Vermögensendwertmaximierung und das Steuerparadoxon erläutern können,
- statische Durchschnittsverfahren zur Beurteilung von Investitionen bei sicheren Erwartungen beherrschen,
- dynamische Verfahren, insbesondere die Kapitalwertmethode, beherrschen und die Kritik an den dynamischen Methoden verinnerlichen und
- komplexe Investitionsentscheidungen bei sicheren Erwartungen unter Berücksichtigung von Fremdkapital und Steuern treffen können.

Investitionen bei sicheren Entscheidungen lassen einen Unternehmer ruhig schlafen. Wenn ein Automobilproduzent genau weiß, wie viele Einheiten eines bestimmten Modells eines Mittelklassewagens er im nächsten Jahr oder gar in den nächsten Jahren absetzen kann, ist die Berechnung, ob sich Investitionen für dieses Modell lohnen, eine simple mathematische Aufgabe. Wenn eine Investmentbank genau weiß, welche Entwicklung die von ihr als M&A-Objekt angepriesene Unternehmung nehmen wird, kann sie einen fairen Preis – zumindest theoretisch – bis auf den Cent genau kalkulieren. Wenn ein Touristik-Unternehmen genau weiß, wie viele Kunden Reisen in Länder mit anderen Währungen buchen, und darüber hinaus auch noch den Weitblick hat, die künftige Wechselkursentwicklung genau zu erfassen, braucht es sich um Überbuchungen, Unterauslastungen oder wechselkursbedingte Umsatz- oder Kostenänderungen keine Gedanken zu machen.

Doch eigentlich müsste der komplette obige Absatz im Konjunktiv stehen, denn bei aller unternehmerischen Weitsicht – vom Blick über den lokalen Tellerrand bis hin zu einer globalen Perspektive – gibt es sichere Erwartungen bei Investitionen de facto nicht. Selbst eine Bank, die Tagesgeld an einen Wettbewerber am Tagesgeldmarkt verleiht und damit einen sehr übersichtlichen zeitlichen Planungshorizont hat, wäre im September 2008 einer bösen Überraschung erlegen, wenn der Counterpart, also der Kreditnehmer Lehman Brothers geheißen hätte.

Wenn es aber nun so fern jeder Realität ist, sichere Erwartungen zu unterstellen, warum beschäftigt man sich dann überhaupt mit der Thematik? Die Antwort darauf ist die gleiche wie in allen Wissenschaften: Vereinfachende Modellannahmen erleichtern das Grundverständnis. Wir werden im Folgenden mit sehr einfachen Modellen beginnen, um die Beurteilung von Investitionen grundsätzlich verständlich zu machen. Dabei werden wir zunehmend zu Beginn getroffene Modellvereinfachungen Stück für Stück aufheben, bis wir eine Investition inklusive Fremdkapitalfinanzierung und Steuern beurteilen können. Danach folgt dann der nächste große Schritt in Richtung Realität – die Beurteilung von Investitionen bei unsicheren Erwartungen.

3.1 Der Blick in die Zukunft: Vermögensendwertmaximierung

Stellen Sie sich vor, Sie wollen ganz privat für Ihr Alter vorsorgen. Ihnen steht dabei einerseits die Möglichkeit offen, entweder eine Einmalzahlung zu tätigen, beispielsweise wenn Ihnen eine größere Erbschaft zugeflossen ist oder Sie im Lotto gewonnen haben. Andererseits können Sie aber auch regelmäßig einen bestimmten Betrag sparen, um bei Ihrer Verrentung ein möglichst prall gefülltes Konto zu haben. In beiden Fällen liegt Ihr Interesse darin, Ihren Vermögensendwert zu maximieren.

Zahlen Sie im Alter von 25 Jahren einen einmaligen Betrag von 250.000 € bei Ihrer Bank ein und vereinbaren eine Laufzeit von 40 Jahren mit einem festen Zins von 2 % p.a. bei automatischer Wiederanlage, so können wir eine Zahlungsreihe erstellen, die wie folgt aussieht:

t_0	t_1	t_2	t_3	t_4	...	t_{39}	t_{40}
–250.000 €	0 €	0 €	0 €	0 €	...	0 €	552.009,92 €

Tabelle 2: Anlage eines Einmalbetrages

Mathematisch wird dabei einfach der Einzahlungsbetrag bei automatischer Wiederanlage 40 Jahre lang mit 2 % aufgezinst. Die allgemeine Formel dafür lautet:

$$V_T = |AZ_0| * (1 + r)^T$$

mit

V_T = Vermögensendwert im Zeitpunkt T
AZ_0 = Auszahlungsbetrag im Zeitpunkt t_0
r = Zinssatz

bzw. in unserem Beispiel:

$$V_T = 250.000\,€ * (1 + 0{,}02)^{40} = 250.000\,€ * 2{,}208039664 = 552.009{,}92\,€$$

Exkurs: Der Zinseszinseffekt

1626 kauften Niederländer den amerikanischen Ureinwohnern die Insel Manhattan zum umgerechneten Preis von 24 US-$ ab.

Welchen Betrag hätten die Ureinwohner am Ende des Jahres 2015 zur Verfügung gehabt, wenn sie den Kaufpreis dauerhaft seither mit 2 % p. a., 4 % p. a. bzw. 6 % p. a. hätten anlegen können?

Gehen Sie vereinfachend davon aus, dass 1626 keine anteiligen Zinsen bezahlt worden sind, obwohl der Verkauf am 04. Mai 1626 stattfand, sondern nehmen Sie 1627 als erstes zinstragendes Jahr an.

Lösung:

Zeitraum: 2023 – 1627 = 396 Jahre

$V_{2023 \text{ bei } 2\%}$ = 24 US$*(1 + 0,02)^{396} = 61.077,22 US$

$V_{2023 \text{ bei } 4\%}$ = 24 US$*(1 + 0,04)^{396} = 133.479.202,75 US$

$V_{2023 \text{ bei } 6\%}$ = 24 US$*(1 + 0,06)^{396} = 251.961.326.759,91 US$

Eine Verdopplung des Zinssatzes von 2 % auf 4 % führt zu einer Steigerung des Vermögensendwertes in 2023 von 2.184 %, eine Verdreifachung auf 6 % führt zu einer Steigerung des Vermögensendwertes um knapp 4.125.290 %.

Dieser Einfluss des Zinssatzes spielt eine umso größere Rolle, je größer der betrachtete Zeitraum und damit je größer der Exponent, mit dem im Aufzinsungsfaktor $(1 + r)^T$ gearbeitet wird. Dieser Einfluss wird **Zinseszinseffekt** genannt.

Sparen Sie für die Rente einen regelmäßigen Betrag, beispielsweise 2.500 € p. a. an, stellt sich die Zahlungsreihe wie folgt dar:

t_0	t_1	t_2	t_3	t_4	...	t_{39}	t_{40}
–2.500 €	–2.500 €	–2.500 €	–2.500 €	–2.500 €	...	–2.500 €	

Tabelle 3: Regelmäßige Anlage

Mathematisch kann die Aufzinsung auf den Vermögensendwert dann nach dieser Formel erfasst werden:

$$V_T = \sum_{t=0}^{T} |AZ| * (1+r)^t = |AZ| * \frac{(1+r)^T - 1}{r}$$ [16]

mit

V_T = Vermögensendwert im Zeitpunkt T
AZ = regelmäßiger, gleichbleibender Auszahlungsbetrag in jeder Periode
r = Zinssatz

also in unserem Beispiel:

$$V_T = 2.500\ € * \frac{(1+0{,}02)^{40} - 1}{0{,}02} = 151.004{,}96\ €$$ [17]

Bei einer unternehmerischen Investition ist grundsätzlich die gleiche Art der Betrachtung wie im o. ä. „privaten" Beispiel möglich. Typischerweise sind aber regelmäßig gleiche Zahlungen, die dann auch wieder in direkten Rückflüssen resultieren, im unternehmerischen Alltag die Ausnahme. Sicherlich könnte man für gleich- und regelmäßige Auszahlungen Leasingraten für einen Dienstwagen anführen. Diesem sind jedoch kaum direkt Rückflüsse zuordenbar. Denkbar wäre eine gleichbleibende Rate für eine Produktionsanlage. Oder auch ein Flugzeug kann geleast werden und führt – sofern die unternehmerische Planung aufgeht – zu direkt zuordenbaren Rückflüssen. Wir werden uns jedoch aus Gründen der Vereinfachung im Folgenden auf die so genannten Normalinvestitionen, also solche mit einer einmaligen Anfangsauszahlung, beschränken.

In beiden Fällen, dem des Kontoausgleichsverbotes und des Kontoausgleichsgebotes, gehen wir von einem so genannten unvollkommenen Kapitalmarkt aus, der – realitätsnahe – unterschiedliche

[16] Geometrische Reihe
[17] Bei unterschiedlichen Zahlungen AZ_t kann nicht ohne weiteres auf die Formel für die geometrische Reihe zurückgegriffen werden.

Soll- und Habenzinssätze kennt. Diese Situation ist Ihnen sicherlich zumindest aus dem Preisaushang Ihrer Bank bekannt, in dem das Kreditinstitut – typischerweise nach Fristigkeiten differenziert – deutliche geringere Zinssätze für Ihre Einlagen zahlt als es für einen Kredit von Ihnen verlangt.

In der unternehmerischen Praxis lassen sich bei der Vermögensendwertmaximierung zwei Verfahren unterscheiden: das Kontenausgleichverbot und das Kontenausgleichgebot.

3.1.1 Kontenausgleichverbot

Ausgangspunkte sind ein Sollkonto, welches jeweils zum Ende der Periode mit dem Sollzinssatz i_S belastet und ein Habenkonto, welches jeweils am Ende der Periode den Habenzins i_H gutgeschrieben bekommt. Eine Verrechnung während der Laufzeit der Investition findet nicht statt.

Lassen Sie uns annehmen, dass ein Generika-Hersteller (pharmazeutische Nachahmerpräparate) nach dem Ablauf des Patentschutzes in die Herstellung eines Medikamentes gegen eine seltene Erbkrankheit einsteigt. Die Anfangsaufwendungen für die Einrichtung der Produktion und die Abnahme durch die zuständigen Behörden summieren sich auf 250.000 € ($BAZÜ_0$). In den Folgejahren führt das zu Bruttoeinzahlungsüberschüssen nach folgendem Muster:

$BEZÜ_1$	$BEZÜ_2$	$BEZÜ_3$	$BEZÜ_4$	$BEZÜ_5$
120.000 €	100.000 €	100.000 €	80.000 €	40.000 €

Tabelle 4: Beispiel einer Zahlungsreihe

Der $BAZÜ_0$ wird auf dem Sollkonto erfasst und jährlich – inklusive Zinseszins – mit dem Sollzinssatz $i_S = 8\,\%$ belastet. Die $BEZÜ_t$ werden dem Habenkonto gutgeschrieben und jeweils zum Periodenende mit dem Habenzins $i_H = 3\,\%$ verzinst. Damit ergibt sich folgende Kalkulation:

Sollkonto			
	Zugang	Zinsbetrag	Endstand Periode$_t$
t_0	–250.000 €	0 €	–250.000 €
t_1		–250.000 € * 8% = –20.000 €	–270.000 €
t_2		–270.000 € * 8% = –21.600 €	–291.600 €
t_3		–291.600 € * 8% = –23.328 €	–314.928 €
t_4		–314.928 € * 8% = 25.194,24 €	–340.122,24 €
t_5		–340.122,24 € * 8% = –27.209,78 €	–367.322,02 €
Habenkonto			
	Zugang	Zinsbetrag	Endstand Periode$_t$
t_0	0 €	0 €	0 €
t_1	120.000 €	0 €	120.000 €
t_2	100.000 €	120.000 € * 3% = 3.600 €	223.600 €
t_3	100.000 €	223.600 € * 3% = 6.708 €	330.308 €
t_4	80.000 €	330.308 * 3% =9.909,24 €	420.217,24 €
t_5	40.000 €	420.217,24 € * 3% = 12.606,52 €	472.823,76 €

Tabelle 5: Soll- und Habenkonto bei Kontoausgleichsverbot

Erst in der Endperiode wird eine Saldierung der beiden Konten vorgenommen:

$$\text{Vermögensendwert } V_E = \text{Kontostand}_{\text{Haben}} + \text{Kontostand}_{\text{Soll}}$$

D. h. in unserem Beispiel:

$$V_E = 472.823{,}76\ € + (-367.322{,}02\ €) = 105.501{,}74\ €$$

Da wir in unserem Beispiel von einem gleichbleibenden Sollzinssatz i_S und einer Weiterverzinsung der aufgelaufenen Zinsen zum gleichen Zinssatz i_S ausgegangen sind, wäre der Kontoendstand des Sollkontos auch mit der oben verwendeten Formel

$$V_T = |AZ_0| * (1 + r)^T$$

ermittelbar. Dabei wäre AZ_0 gleich unserem $BAZÜ_0$, und die Betragsstriche würden entfallen, da wir ja explizit auf dem Sollkonto bleiben, also mit negativem Vorzeichen rechnen:

$$\text{Sollkontostand}_T = BAZÜ_0 * (1+r)^T$$

$$\text{Sollkontostand}_5 = -250.000\ € * (1+0{,}08)^5 = -367.332{,}02\ €$$

3.1.2 Kontenausgleichsgebot

Beim Kontenausgleichsgebot geht man einen anderen Weg, um den Vermögensendwert zu ermitteln. Beim Kontenausgleichsgebot werden zufließende BEZÜ in der gleichen Periode genutzt, um davon ggfs. fällige Sollzinsen zu zahlen und auch bestehende Schulden zu tilgen. Formell lässt sich das wie folgt darstellen:

$$V_E = \sum_{t=0}^{T} V_t$$

wobei sich V_t aus der Summe der jeweiligen Aus- und Einzahlungen einer Periode und den ggfs. zu leistenden Sollzinsen bzw. den erhaltenen Habenzinsen zusammensetzt. Unser obiges Beispiel rechnet sich dann wie folgt:

	$BAZÜ_t$; $BEZÜ_t$	V_{t-1}	i_S; i_H	V_t
t_0	–250.000 €			–250.000 €
t_1	120.000 €	–250.000 €	8 %	–250.000 € * 1,08 + 120.000 € = –150.000 €
t_2	100.000 €	–150.000 €	8 %	–150.000 € * 1,08 + 100.000 € = -62.000 €
t_3	100.000 €	–62.000 €	8 %	–62.000 € * 1,08 + 100.000 € = 33.040 €
t_4	80.000 €	33.040 €	3 %	33.040 € * 1,03 + 80.000 € = 114.031,20 €
t_5	40.000 €	114.031,20 €	3 %	114.031,20 € * 1,03 + 40.000 € = 157.452,14 €

Tabelle 6: Vermögensendwertmaximierung bei Kontoausgleichsgebot

Damit ergibt sich bei einem Vergleich der beiden Methoden:

$$V_E^{Kontoausgleichverbot} = 105.501{,}74\ € \quad < \quad V_E^{Kontoausgleichsgebot} = 157.452{,}14\ €$$

Das ist auch leicht einsichtig, denn schließlich spart das Unternehmen bei einem Kontoausgleichgebot durch die zeitnahe Zahlung von Zinsen und die Tilgung des Kredites Zins und Zinseszins.

An diesem Punkt stellt sich die Frage, weshalb ein Unternehmen dann überhaupt das Kontoausgleichsverbot in Betracht ziehen sollte, wenn doch durch die Ersparnis von Zins und Zinseszins bzw. Tilgungen das Kontoausgleichsgebot besser abschneidet. Auf diese Frage gibt es mehrere Antwortmöglichkeiten.

- Vertragliche Bindungen hinsichtlich der Finanzierung einer Investition können die vorzeitige Tilgung eines Kreditbetrages verhindern. Sicherlich lassen sich mit Kreditgebern auch vorzeitige Tilgungsmöglichkeiten vereinbaren. Wie weit diese gehen und was diese eventuell zusätzlich kosten, hängt aber von der Verhandlungsposition des Unternehmens gegenüber dem Financier ab.
- Wir haben bisher implizit angenommen, dass die Finanzierung der Investition durch Fremdkapital erfolgt und dass die Fremdkapitalzinsen auch einen entsprechenden Mittelabfluss, also einen negativen Cashflow verursachen. Das ist aber keine zwingende Grundannahme der Modelle der Vermögensendwertmaximierung. Die Investition kann auch teilweise oder komplett aus Eigenmitteln finanziert werden, was zu geringeren bzw. gar keinen Mittelabflüssen führen würde. Kalkulatorisch wären aber dennoch die Opportunitätskosten des Eigenkapitals zu berücksichtigen. Dann wäre statt eines Vermögensendwertes ein Endwert des Cashflows zu errechnen.
- Steuerliche Aspekte haben wir bislang außer Acht gelassen. In den meisten Steuersystemen ist es so, dass Fremdkapitalzinsen steuerlich abzugsfähig sind, während Kapitalerträge der Steuer unterliegen. Letztere haben mitunter einen anderen Steuersatz als die Einkommensteuer (beispielsweise in Deutschland mit einem progressiven Einkommensteuersystem und Steuersätzen bis über 40 % und einem fixen Kapitalertragsteuersatz von 25 %), was aber nur den Rechenweg verkompliziert und die Grundaussage des Modells nicht wirklich ändert. Betrachten wir unser obiges Beispiel mit einem festen Steuersatz von 40 %, steuerlich abzugsfähigen Zinsen und einer kompletten Fremdkapitalfinanzierung der Investition, so ergeben sich für die beiden Methoden der Vermögensendwertmaximierung folgende Berechnungen.

	t_0	t_1	t_2	t_3	t_4	t_5
BAZÜ; BEZÜ	-250.000 €	120.000 €	100.000 €	100.000 €	80.000 €	40.000 €
Sollzinsen[18]		-20.000 €	-21.600 €	-23.328 €	-25.194,24 €	-27.209,78 €
Haben-zinsen			3.600 €	6.708 €	9.909,24 €	12.606,52 €
Gewinn		100.000 €	82.000 €	83.380 €	64.715 €	25.396,74 €
Steuern		-40.000 €	-32.800 €	-33.352 €	-25.886 €	-10.158,70 €
NEZÜ	-250.000 €	80.000 €	67.200 €	66.648 €	54.805,76 €	29.841,30 €

Tabelle 7: Kontoausgleichsverbot mit Steuern

	t_0	t_1	t_2	t_3	t_4	t_5
BAZÜ; BEZÜ	-250.000 €	120.000 €	100.000 €	100.000 €	80.000 €	40.000 €
Sollzinsen[19]		-20.000 €	-12.000 €	-4.960 €		
Haben-zinsen					991,20 €	3.420,94 €
Gewinn		100.000 €	88.000 €	95.040 €	80.991,20 €	43.420,94 €
Steuern		-40.000 €	-35.200 €	-38.016 €	-32.396,48 €	-17.368,38 €
NEZÜ	-250.000 €	80.000 €	64.800 €	61.984 €	47.603,52 €	22.631,62 €

Tabelle 8: Kontoausgleichsgebot mit Steuern

Bis auf t_0 und t_1, in denen die Zahlungen in beiden Methoden gleich sind, hat nun das Kontoausgleichverbot klar die Nase vorn. Dieser Effekt, dass die Berücksichtigung von Steuern die Vorteilhaftigkeit einer Investition verändert, nennt sich Steuerparadoxon. Die steuerliche Abzugsfähigkeit der Fremdkapitalzinsen und deren Auswirkungen auf die Beurteilung einer Investition werden uns zu einem späteren Zeitpunkt bei anderen Methoden der Investitionsrechnung, erneut begegnen.

Zitat aus der Praxis:

„Ein hoch theoretisches Rechenmodell, das so in der Praxis kein Mensch verwendet. In 20 Jahren bei verschiedensten Firmen habe ich das noch nie gebraucht!"

(Kaufmännische Leiterin eines mittelständischen Unternehmens)

[18] aus 3.1.1.

[19] aus obiger Tabelle

3.1.3 Unvollkommener Kapitalmarkt – Kreditlimitierungen

Das Modell der Vermögensendwertmaximierung geht hinsichtlich der Realitätsnähe mit der Unterscheidung zwischen einem Soll- und einem Habenzinssatz schon deutlich weiter, als das in den einfachen Modellen der Investitionsplanung der Fall ist, die wir in den kommenden Kapiteln behandeln werden.

Die Unvollkommenheit des Kapitalmarktes ist aber genau das, was sowohl den Privatmenschen wie auch den unternehmerisch tätigen Menschen immer wieder begrenzt. Dabei spielen nicht nur unterschiedliche Zinssätze eine Rolle, sondern vor allem die Verfügbarkeit von Kapital überhaupt. Haben wir bisher implizit unterstellt, dass Kapital zum bestehenden Sollzinssatz für den Endverbraucher oder auch den Unternehmer unbegrenzt zur Verfügung steht, bietet das tägliche Wirtschaftsleben ein völlig anderes Bild:

- der Überziehungskredit auf dem privaten Girokonto ist meist deutlich teurer als andere Kreditformen und oftmals auf ein oder zwei normale Gehaltseingänge begrenzt,
- Verbraucherkredite stehen in der Regel nur in begrenztem Volumen zur Verfügung, wobei die Kreditgeber auch nach der Solvenz ihrer Kunden differenzieren,
- Unternehmenskredite werden meist nur gegen Sicherheiten vergeben, so dass sich eine Obergrenze der Kreditaufnahme durch die Höhe der stellbaren Sicherheiten ergibt.

Diese Begrenzung der Kreditvolumen, so genannte Kreditlimitierungen, können einen wesentlichen Einfluss auf Investitionsentscheidungen haben.

Betrachten wir zwei Investitionsobjekte A und B, die jeweils drei Perioden laufen. Die Daten der Investition sowie die Soll- und Habenzinssätze der jeweiligen Perioden seien, wie auch die von den Investitionen unabhängigen betrieblichen Überschüsse, wie folgt gegeben:

Periode	t_0	t_1	t_2	t_3
i_H	3%	5%	5%	
i_S	9%	7%	7%	
IO_A	–1.000 T€	–800 T€	1.600 T€	800 T€
IO_B	–600 T€	–1.600 T€	2.400 T€	200 T€
$EZÜ_t$	1.060 T€	156 T€	–352 T€	1.548 T€

Tabelle 9: Beispiel Kreditlimitierungen

Ohne eine Kreditlimitierung lassen sich die beiden Investitionsobjekte wie folgt beurteilen:

Investitionsobjekt A:

t_0: VE_0 = 1.060 T€ – 1.000 T€ = 60 T€ → wird zu i_H angelegt
t_1: VE_1 = 156 T€ + (1 + 0,03) * 60 T€ – 800 T€ = –582,20 T€
→ wird zu i_S finanziert
t_2: VE_2 = –352 T€ – (1+0,07) * 582,20 T€ + 1.600 T€ = 625,05 T€
→ wird zu i_H angelegt,
t_3: VE_3 = 1.548 T€ + (1 + 0,05) * 625,05 T€ + 800 T€ = 3.004,30 T€
Vermögensendwert IO_A

Investitionsobjekt B:

t_0: VE_0 = 1.060 T€ – 600 T€ = 460 T€ → wird zu i_H angelegt
t_1: VE_1 = 156 T€ + (1 + 0,03) * 460 T€ – 1.600 T€ = –970,20 T€
→ wird zu i_S finanziert
t_2: VE_2 = –352 T€ – (1+0,07) * 970,20 T€ + 2.400 T€ = 1.009,89 T€
→ wird zu i_H angelegt,
t_3: VE_3 = 1.548 T€ + (1 + 0,05) * 1009,89 T€ + 200 T€ = 2.808,38 T€
Vermögensendwert IO_B

ohne Investition:

t_0: VE_0 = 1.060 T€ → wird zu i_H angelegt
t_1: VE_1 = 156 T€ + (1 + 0,03) * 1.060 T€ = 1.247,80 T€
→ wird zu i_H angelegt,
t_2: VE_2 = –352 T€ – (1+0,05) * 1.247,80 T€ = 958,19 T€
→ wird zu i_H angelegt,
t_3: VE_3 = 1.548 T€ + (1 + 0,05) * 958,19 T€ = 2.554,10 T€
Vermögensendwert ohne Investition

Besteht aufgrund der oben beschriebenen Unvollkommenheit des Kapitalmarktes eine Kreditlimitierung in der Form, dass Kredite nur bis maximal zu einem Volumen von 750 T€ aufgenommen werden können, bleibt die Vermögensendwertberechnung für IOA und für den Fall ohne Investition gleich. IOB fällt jedoch durch die Kreditlimitierung schlicht und einfach aus, da der Kapitalbedarf in Höhe von –970,20 T€ bei einer Kreditlimitierung auf 750 T€ nicht gedeckt werden kann.

Ist die Investition B teilbar, sprich: kann sie anteilig realisiert werden, käme eine Ausschöpfung des Kreditlimits in Frage. Eine solche Teilbarkeit ist mitunter bei reinen Finanzinvestitionen gegeben. Dann würde die Kalkulation wie folgt aussehen:

t_0: VE_0 = 1.060 T€ – 600 T€ = 460 T€ → wird zu i_H angelegt
t_1: VE_1 = 156 T€ + (1 + 0,03)*460 T€ – 1.600 T€ = –970,20 T€
→ 750 T€ zu i_S finanziert
t_2: VE_2 = –352 T€ – (1+0,07)*750 T€ + 2.400 T€ = 1.245,50 T€
→ wird zu i_H angelegt,

t_3: VE_3 = 1.548 T€ + (1 + 0,05)∗1.245,50 T€ + 200 T€ = 3.055,78 T€
Vermögensendwert IO_B

Dann wäre IO_B trotz der nur teilweise realisierbaren Investition immer noch das vorteilhafteste Projekt. Allerdings wird dabei unterstellt, dass trotz der Teilrealisierung in t_1 die Zahlungspläne der Folgeperioden unverändert bleiben, was fragwürdig ist. Ob es ausreichen würde, die Folgeperioden um den gleichen prozentualen Faktor zu korrigieren wie die Kreditlimitierung in t_1 (750 T€/970,20 T€ = 77,3 %) ist unklar, solange die Abhängigkeit der Zahlungen der einzelnen Perioden untereinander nicht offen liegen.

Sprechen wir aber über eine Sachinvestition, so ist in der Regel keine Teilbarkeit gegeben. Eine halbe Maschine, ein halbes Taxi oder ein halber Lkw machen schlicht und einfach keinen Sinn. In diesen Fällen führt eine Kreditlimitierung dazu, dass das IO_B als nicht durchführbar beurteilt wird und der Vergleich nur noch zwischen IO_A und der Situation ohne Investition vorgenommen wird. Dann liegt IO_A klar vorn.

3.2 Der einfache Weg – statische Verfahren

Die statischen Verfahren basieren auf Zahlen und Informationen aus der Kosten- und Erlösrechnung. Sie werden gerne in der Praxis eingesetzt, da die Zahlen aus dem betrieblichen Rechnungswesen zu entnehmen sind, wodurch die Datenbeschaffung für den Betrieb relativ einfach ist und sich der Beschaffungs- und Berechnungsaufwand in Grenzen hält.

Aus einer Vielzahl von Einzelzahlen werden Durchschnittswerte gebildet, die sich auf eine Periode beziehen. Unterschiede in den Ausprägungen der Einzelwerte in den verschiedenen Perioden werden dabei bewusst außer Acht gelassen. Dieses Vorgehen dient der Vereinfachung. Damit ebenfalls verbundene Nachteile werden dabei in Kauf genommen.

Um die statischen Verfahren im betrieblichen Alltag sinnvoll einsetzen zu können, muss eine gewisse betriebliche Kontinuität der betriebswirtschaftlichen Zahlen vorliegen. Liegen erhebliche Schwankungen im Jahresvergleich oder starke Schwankungen bei betrieblichen Interdependenzen vor, so eignen sich diese Verfahren weniger um „gute“ oder „sinnvolle“ Entscheidungen für eine Investition zu treffen.

Bei den statischen Verfahren erklärt man eine ökonomische Größe, in dem alle Variablen auf einen einheitlichen Zeitraum bzw. Zeitpunkt bezogen werden, wodurch Änderungen von Wirtschaftsgrößen in einem bestimmten Zeitabschnitt ausgenommen werden.

Der Vorteil der statischen Methoden der Investitionsrechnung liegt darin, gleichartige Investitionen bzw. Investitionsgüter mit Hilfe repräsentativer oder durchschnittlicher relativ konstanter Zahlen aus dem betrieblichen Rechnungswesen miteinander vergleichen zu können.

3.2.1 Kostenvergleich

Die Kostenvergleichsrechnung betrachtet die pro Investition anfallenden Kosten. Als ausschlaggebendes Kriterium der Investition können die Gesamtkosten oder die Kosten pro Stück hinzugezogen werden.

Eine Investition ist wirtschaftlich sinnvoller als die alternative Investition, wenn ihre durchschnittlichen Kosten geringer sind als die der anderen Investition ($K_1 < K_2$) oder wenn die durchschnittlichen Kosten je Stückzahl oder Leistungseinheit günstiger sind ($\text{Stückkosten}_1 < \text{Stückkosten}_2$). Das Verfahren kann bei reinen Rationalisierungsinvestitionen, Alternativen und Ersatzvergleich Anwendung finden.

Beispiel:
Wupperdare, ein Spezialunternehmen für Plastikhaushaltswaren will sein Sortiment an Salatschüsseln erweitern und überlegt daher die Anschaffung einer neuen Formmaschine. Zur Auswahl stehen die Maschinen Flowman und Blowman.

Die Anschaffungskosten von Flowman betragen 300.000 €, die von Blowman 400.000 €. Die Nutzungsdauer von Flowman beträgt 5 Jahre, die von Blowman 4 Jahre. Beide Maschinen können linear abgeschrieben werden und erreichen am Ende der Nutzungsdauer Restwerte von 10% ihres ursprünglichen Anschaffungswertes. Die Wiederbeschaffungspreise der Maschinen liegen nach Schätzungen des Vorstands bei 150% (Flowman) bzw. 125% (Blowman) des aktuellen Kaufpreises. Bei Wupperdare rechnet man mit 8% kalkulatorischen Zinsen auf das durchschnittlich gebundene Kapital. Die Zielstruktur von EK zu FK ist 50%/50%. Die Materialkosten für die Salatschüsseln liegen in beiden Fällen bei 0,02 €/Stück. Die Energiekosten von Flowman liegen bei 0,08 €/Stück, bei Blowman bei 0,10 €/Stück. Die planbaren fixen Wartungskosten liegen bei 10.000 € (Flowman) bzw. bei 21.000 € (Blowman). Variable Reparaturkosten sind mit 0,05 €/Stück (Flowman) bzw. 0,10 €/Stück (Blowman) anzusetzen. Die Personalkosten sind vollständig variabel, da die Maschine nur eine Produktionsstätte der Wupperdare darstellt, zwischen denen die Arbeiter wechseln können. Für Flowman ergeben sich variable Personalkosten in Höhe von 0,06 €/Stück und für Blowman 0,12 €/Stück. Die Absatzplanung geht von weltweit jährlich 750.000 abgesetzten Salatschüsseln 15 € aus. Blowman erlaubt die Verwendung einer etwas widerstandsfähigeren Plastikart, so dass die Schüssel dann für 18 € je Stück verkauft werden kann.

Daraus ergeben sich folgende Grunddaten:

	Flowman	Blowman
Anschaffungskosten (AK)	300.000 €	400.000 €
Wiederbeschaffungspreis (WBP)	450.000 €	500.000 €
Restwert (RW)	30.000 €	40.000 €
Nutzungsdauer (n)	5 Jahre	4 Jahre

Tabelle 10: Grunddaten statische Verfahren

$$\text{kalkulatorische Abschreibungen } D_{\text{Flowman}} = \frac{WBP - RW}{n} = \frac{450.000\,€ - 30.000\,€}{5} = 84.000\,€$$

$$\text{kalkulatorische Abschreibungen } D_{\text{Blowman}} = \frac{WBP - RW}{n} = \frac{500.000\,€ - 40.000\,€}{4} = 115.000\,€$$

$$\text{kalkulatorische Zinsen } Z_{\text{Flowman}} = \frac{AK + RW}{2} * r = \frac{300.000\,€ + 30.000\,€}{2} * 0{,}08 = 13.200\,€$$

$$\text{kalkulatorische Zinsen } Z_{\text{Blowman}} = \frac{AK + RW}{2} * r = \frac{400.000\,€ + 40.000\,€}{2} * 0{,}08 = 17.600\,€$$

Da die statischen Verfahren, wie o.ä., mit Daten der Kostenrechnung arbeitet, brauchen wir im nächsten Schritt die kalkulatorischen Abschreibungen und die kalkulatorischen Zinsen auf das gebundene Kapital. Hierbei ist zu beachten, dass eben die kalkulatorischen und nicht die buchhalterischen Größen aus dem externen Rechnungswesen verwendet werden.

Damit ergeben sich unter Berücksichtigung des Absatzplanes und der Preisplanung folgende Kosten für die beiden zur Auswahl stehenden Maschinen:

	Flowman	Blowman
Kalkulatorische Abschreibungen	84.000 €	115.000 €
Kalkulatorische Zinsen	13.200 €	17.600 €
Materialkosten	15.000 €	15.000 €
Energiekosten	60.000 €	75.000 €
Fixe Wartungskosten	10.000 €	21.000 €
Variable Reparaturkosten	37.500 €	75.000 €
Variable Personalkosten	45.000 €	90.000 €
∅ Gesamtkosten p. a.	264.700 €	408.600 €

Tabelle 11: Kostenvergleichsverfahren

Nach dieser Kalkulation ist die Maschine Flowman klar im Vorteil, da sie im Vergleich die geringeren durchschnittlichen Gesamtkosten aufweist:

$$\varnothing \text{ Gesamkosten}_{\text{Flowman}} < \varnothing \text{ Gesamtkosten}_{\text{Blowman}}$$

Bei der Kostenvergleichsrechnung wird implizit vorausgesetzt, dass die Erlöse bei den Investitionsobjekten gleich sind, da bei dieser nur die reinen Kosten verglichen werden.[20]

Die Anwendung der Kostenvergleichsrechnung in der Praxis ist zwiegespalten. Für manche Unternehmen wird sie als zu vereinfachend angesehen, da es sich um eine ganz einfache Vergleichsrechnung handelt. Sie betrachtet nur eine Periode und setzt sichere Erwartungen voraus. Folglich ist sie im Hinblick auf die Vorteile der verschiedenen Investitionen nur unzureichend aussagefähig, insbesondere bei variierenden Einzahlungsüberschüssen. In anderen Unternehmen findet sie aber gerade wegen ihrer einfachen Handhabbarkeit Anwendung, da man hier direkt die Kosten vergleichen kann, wobei viele Unternehmen das erste Jahr als Bezugsgröße auch für die Folgejahre anwenden. Insbesondere bei kleinen und mittelständischen Betrieben wird mit dem Einholen von Angeboten für Produkte, Waren oder Dienstleistungen nichts anderes als ein Kostenvergleich durchgeführt: ein Angebot für einen Kopierer bei drei Anbietern, die Neuausrüstung eines Handwerksbetriebes mit Bohrhämmern sind Beispiele dafür. Insbesondere bei Ausschreibungen öffentlicher Institutionen wird ein klarer Schwerpunkt auf Kostenvergleiche gelegt, da Erlöse öffentlicher Projekte oft nicht genau erfassbar oder messbar sind.

3.2.2 Gewinnvergleich

Die Gewinnvergleichsrechnung betrachtet die Ertragsseite der verschiedenen Investitionsalternativen und ist daher wesentlich umfangreicher als die Kostenvergleichsrechnung. Sie ist sozusagen eine Erweiterung der Kostenvergleichsrechnung und bezieht zusätzlich die Erlöse mit ein. Führen wir unser obiges Beispiel an diesem Punkt fort, so können wir die errechneten durchschnittlichen Gesamtkosten übernehmen und müssen lediglich die unterschiedlichen

---

[20] Bei unterschiedlichen Absatzpreisen oder -mengen, verursacht beispielsweise durch Qualitätsunterschiede, ist die Erlösidentität aber sehr fraglich. Bei unterschiedlichen Kapazitäten oder Absatzmengen ist es zudem notwendig, statt einem Gesamtkostenvergleich einen Stückkostenvergleich durchzuführen. Im Extremfall könnte es passieren, dass sich ein Unternehmen anhand der Kostenvergleichsrechnung für eine Investition entscheidet, die letztendlich keinen Gewinn abwirft.

erzielbaren Preise für die Salatschüsseln bei der Umsatzberechnung berücksichtigen:

	Flowman	**Blowman**
Umsatz p. a.	11.250.000 €	13.500.000 €
∅ Gesamtkosten p. a.	264.700 €	408.600 €
∅ Gewinn p. a.	10.985.300 €	13.046.400 €

Tabelle 12: Gewinnvergleichsrechnung

Im Gegensatz zur Kostenvergleichsrechnung legt die Gewinnvergleichsrechnung nun eine Entscheidung für die Maschine Blowman nahe.

Da die Kosten eine elementare Grundlage der Gewinnvergleichsrechnung ist, bleibt ein großer Teil der unter 3.2.1 erwähnten Kritik auch bei der Gewinnvergleichsrechnung erhalten. Das Verfahren ist der Kostenvergleichsrechnung zwar deshalb vorzuziehen, da es den Umsatz mit in die Investitionsbeurteilung einbezieht. Das Grundproblem der Durchschnittsbildung bleibt davon unberührt. Gewinnveränderungen über die Zeit, Nachfrageänderungen, welche den Absatzpreis und damit auch die -menge verändern können, sowie ungeplante Reparaturen werden nicht erfasst. Solche Entwicklungen können aber die Investitionsentscheidung stark beeinflussen:

Betrachtet man beispielsweise eine Investition, die bei einer Nutzungsdauer von drei Jahren jeweils einen durchschnittlichen Gewinn von 30.000 € aufweist, wäre diese nach der Gewinnvergleichsrechnung zu empfehlen. Verteilen sich aber die Gewinne auf das erste Jahr mit 60.000 €, das zweite Jahr mit 40.000 € und auf das dritte Jahr mit –10.000 €, also einem Verlust, sollte sich der Investor eigentlich schon nach dem zweiten Jahr aus der Investition zurückziehen. Diese Information geht durch die Durchschnittsbildung verloren.

Fehlt bei unterschiedlichen Nutzugsdauern die Möglichkeit einer Ersatz- oder zumindest Anschlussinvestition, fällt die Betrachtung des Gesamtgewinns möglicherweise anders aus:

	Flowman	**Blowman**
∅ Gewinn p. a.	10.985.300 €	13.046.400 €
Nutzungsdauer	5 Jahre	4 Jahre
Gesamtgewinn	54.926.500 €	52.185.600 €

Tabelle 13: Gesamtgewinnvergleich

Eine wirkliche Vergleichbarkeit der Investitionen ist somit nur bei identischem Kapitaleinsatz und gleicher Nutzungsdauer gegeben, was in der Praxis nur selten anzutreffen ist. Obwohl die Gewinnvergleichsrechnung positiver zu sehen ist als die Kostenvergleichsrechnung, weil sie Erlöse und unterschiedliche Qualitäten der Investitionsalternativen betrachtet, wird sie in der Praxis eher selten angewendet. Die Gründe dafür liegen in den weiter bestehenden Nachteilen der Durchschnittsbildung sowie in der Notwendigkeit, für den Zeitraum der Investitionsnutzung zusätzlich eine Erlösplanung aufzustellen, und dann bei unterschiedlichen Kapitaleinsätzen und Nutzungsdauern letztendlich doch keine Vergleichbarkeit zu haben.

3.2.3 Rentabilitätsvergleich

Die Rentabilitätsrechnung bezieht in ihren Berechnungen das eingesetzte Kapital mit ein. Die Rentabilität ist der Quotient von Gewinn und Kapital bzw. das Verhältnis des Gewinns, des Gewinnzuwachses oder der Kostenabnahme zu jenem Kapital, das eingesetzt werden muss, um einen der genannten Effekte zu erzielen.

Der Nettogewinn ist der durch die Investition durchschnittlich verursachter Gewinn. Aus diesem Grund darf er nicht durch die kalkulatorischen Zinsen bei der Gewinnrechnung gemindert werden. Sonst hätte man als Ergebnis nur die über den kalkulatorischen Zinssatz hinausgehende Verzinsung und nicht die durchschnittliche jährliche Verzinsung. Das durchschnittlich gebundene Kapital berechnet sich durch die halbierte Summe aus Anfangsinvestition und Restwert (vgl. 3.2.1):

$$\text{Rentabilität}(\text{in } \%) = \frac{\text{Ø Gewinn vor Zinsen}}{\text{Ø gebundenes Kapital}} * 100$$

Daraus errechnet sich folgende Übersicht:

	Flowman	Blowman
∅ Gewinn nach Zinsen	10.985.300 €	13.091.400 €
Kalkulatorische Zinsen	13.200 €	17.600 €
∅ Gewinn vor Zinsen	10.998.500 €	13.109.000 €
∅ gebundenes Kapital	165.000 €	220.000 €
Rentabilität	6.665,76 %	5.958,64 %

Tabelle 14: Rentabilitätsvergleichsrechnung

Die so errechnete Rentabilität wird auch als Return on Investment (ROI) der betrachteten Investition(en) bezeichnet.

Die Rentabilitätsrechnung leidet zwar durch die verwendeten Basisgrößen unter den gleichen Mängeln der Durchschnittsbildung wie die Kosten- und die Gewinnvergleichsrechnung. Sie gibt jedoch durch die Berücksichtigung der meisten Informationen zu den zu beurteilenden Investitionen den höchsten Informationsgehalt.

Führen wir an dieser Stelle einen Vergleich der drei bisher betrachteten Verfahren durch, so ergibt sich folgendes Bild:

	Entscheidung für
Kostenvergleichsrechnung	Flowman
Gewinnvergleichsrechnung	Blowman
Rentabilitätsvergleichsrechnung	Flowman

Tabelle 15: Kosten, Gewinn und Rentabilität im Vergleich

Je nach Verwendung der Kosten-, Gewinn- oder Rentabilitätsvergleichsrechnung kommt man demnach zu unterschiedlichen Empfehlungen. Aus Sicht der umfänglichsten Information ist die Rentabilitätsvergleichsrechnung zu bevorzugen, allerdings kann bei kleineren Beträgen eine Wirtschaftlichkeitsbetrachtung dennoch die Verwendung einer Gewinn- oder gar einer Kostenvergleichsrechnung nahe legen.

3.2.4 Amortisationsvergleich

Die Amortisationsrechnung hat im Rahmen der statischen Verfahren eine besondere Rolle, die sich daraus ergibt, dass sie zwar eine zusätzliche Information bereitstellt, nämlich des Zeitraums, in dem das investierte Kapital wieder zurück fließt. Allerdings ist sie als alleiniges Entscheidungskriterium ungeeignet.

Grundlegend sind zwei Verfahren der Amortisationsvergleichsrechnung, die Durchschnitts- und die Kumulationsmethode. Bei der Durchschnittsmethode handelt es sich um eine direkte Ergänzung zu den unter 3.2.1 bis 3.2.3 dargestellten Verfahren. Dabei wird die Amortisationsdauer als Quotient aus dem ursprünglichen Kapitaleinsatz im Verhältnis zum Rückfluss p.a., also dem Cashflow p.a. dargestellt:

$$\text{Amortisationsdauer} = \frac{\text{ursprünglicher Kapitaleinsatz}}{\varnothing\ \text{Rückfluss}\,(\text{Cashflow})}$$

Verwenden wir unser obiges Beispiel weiter und berücksichtigen dabei insbesondere die angestrebte Kapitalstruktur von 1:1 zwischen Fremd- und Eigenkapital, so ermitteln sich die Cashflows und die Amortisationsdauern der beiden Maschinen wie folgt:

	Flowman	Blowman
∅ Gewinn p. a.	10.985.300 €	13.091.400 €
Kalkulatorische Abschreibungen	84.000 €	115.000 €
Kalkulatorische Zinsen auf das EK	6.600 €	8.800 €
Durchschnittlicher Cashflow	11.075.900 €	13.215.200 €
Ursprünglicher Kapitaleinsatz	300.000 €	400.000 €
Amortisationsdauer	0,027 Jahre	0,030 Jahre

Tabelle 16: Amortisationsdauer nach Durchschnittsmethode

Auch dem Durchschnittsverfahren in der Amortisationsvergleichsrechnung ist der grundlegende Mangel der Durchschnittsbildung zu eigen. Da die Amortisationsrechnung mit der Amortisationsdauer de facto endet, kann sie alleine keine sinnvolle Entscheidungsgrundlage für eine Investitionsentscheidung sein, sondern immer nur eine Ergänzung zur Kosten-, Gewinn- und Rentabilitätsvergleichsrechnung.

In der Praxis finden sich allerdings recht oft Obergrenzen für die Amortisationsdauer einer Investition. Das Management versucht auf diesem Wege, die Kapitalbindung in für das Unternehmen akzeptablen Grenzen zu halten und Unsicherheiten – über die wir im bisherigen Modellrahmen noch gar nicht gesprochen haben – möglichst gering zu halten.

Exkurs: Das Kurs-Gewinn-Verhältnis einer Aktie als Amortisationsdauer

Bei einer Aktiengesellschaft ist das Kurs-Gewinn-Verhältnis (KGV) ein wichtiges Bewertungskriterium. Dabei wird der Marktwert des Unternehmens in Relation zum Gewinn nach Steuern gesetzt:

$$\text{KGV} = \frac{\text{Marktwert}}{\text{Gewinn nach Steuern}}$$

Sollte die Börsennotierung in einer anderen Währung erfolgen als der Ausweis des Gewinns, ist entweder der Zähler oder der Nenner um den entsprechenden Wechselkurs zu korrigieren.

Erweitert man den obigen Bruch mit 1/n, mit n als Anzahl der ausstehenden Aktien, so lässt sich das KGV auch anders schreiben:

$$\text{KGV} = \frac{\text{Marktwert}}{\text{Zahl der Aktien}} : \frac{\text{Gewinn nach Steuern}}{\text{Zahl der Aktien}} = \frac{\text{Aktienkurs}}{\text{Gewinn je Aktie}}$$

Implizit steht in der obigen Formel für das KGV im Nenner der Gewinn pro betrachteter Periode, üblicherweise eines Geschäftsjahres des betrachteten Unternehmens. Dadurch erhält das KGV die Aussage: „Wie lange braucht das betrachtete Unternehmen mit dem durchschnittlichen Gewinn der betrachteten Periode, um den aktuell gezahlten Aktienkurs zu rechtfertigen?" Deswegen erhält man bei einer Anlageberatung zu Aktien üblicherweise mehrere KGVs an die Hand, zumeist für das abgelaufene Geschäftsjahr und für zwei zu prognostizierende Jahre.

Es ist zu beachten, dass diese Betrachtung des KGV als Amortisationsdauer nichts mit Rückflüssen an den Anleger in Form von Dividenden zu tun hat, da meist nur ein Teil des Nachsteuergewinns als Dividende an die Aktionäre ausgeschüttet wird.

Die Kumulationsmethode bei der Amortisationsvergleichsrechnung greift den Kritikpunkt der Durchschnittsbildung auf und arbeitet mit den Ein- und Auszahlungen (Cashflows) der einzelnen Perioden. Deshalb benötigt dieses Verfahren einen exakten Ein- und Auszahlungsplan. Daher stellen wir dieses Verfahren auch erst in den dynamischen Verfahren vor (vgl. 3.3.4)

3.3 Der machbare Weg – dynamische Verfahren

Die statischen Verfahren haben sich als einfach zu handhaben, aber mit ihrer Durchschnittsbildung als informationsverzerrend gezeigt. Ein weiterer Schritt bei der Annäherung der Modellwelten an die Realität sind die dynamischen Verfahren. Bei diesen wird zwar nach wie vor von sicheren Erwartungen ausgegangen, und in den einfachsten Modellvarianten begrenzen weitere Modellannahmen die Realitätsnähe; allerdings wird hierbei mit konkreten Zahlungsreihen gearbeitet, was die Probleme der Durchschnittsbildung der statischen Verfahren vermeidet.

3.3.1 Kapitalwertverfahren

Das Kapitalwertverfahren basiert auf dem mathematischen Konzept des Abzinsens: Ein Geldbetrag in der Zukunft ist heute weniger wert, da dieser geringere Geldbetrag mit Zinsen zu dem ursprünglichen Geldbetrag führt.

So führt beispielsweise ein Anlagebetrag von 200.000 €, der für zwei Jahre mit jährlich 4 % verzinst wird (mit direkter Wiederanlage der Zinsen zu gleichen Konditionen) nach Ablauf der Anlagedauer zu einem Endbetrag von

$$V = 200.000\ € * 1{,}04^2 = 216.320\ €$$

Im Umkehrschluss bedeutet das, dass ein Geldbetrag von 216.320 €, der in zwei Jahren zufließt, bei einem realisierbaren Zins von 4 % p. a. heute

$$B_0 = \frac{216.320\ €}{1{,}04^2} = 200.000\ €$$

wert ist. Den heutigen Wert einer künftigen Zahlungsreihe bei einem gegebenen Kalkulationszinsfuß bezeichnen wir als den Barwert B_0 dieser Zahlungsreihe. Der verwendete Kapitalzinsfuß ist oft durch die Bedingungen der Investition bzw. Anlage gegeben. Wenn beispielsweise eine Bank für zweijährige Anleihen einen Zins von 4 % p. a. bietet, erfolgt die Barwertberechnung mit diesem Zins. Bietet eine andere Bank für dreijährige Anleihen 3 % p. a., so ist der Barwert mit dem niedrigeren Zins zu berechnen. Bei Sachinvestitionen ist der kalkulatorische Eigenkapitalzins zu verwenden, der die Opportunitätskosten des Eigenkapitals widerspiegelt. Diese Thematik werden wir später detaillierter aufgreifen.

Wenn wir von den vereinfachenden Grundannahmen:

- sichere Erwartungen
- 100 % Eigenkapitalfinanzierung
- Vorsteuerbetrachtung
- bekannte und feststehende Nutzungsdauer der Investition und
- gegebener kalkulatorischer Zinssatz r auf das Eigenkapital

ausgehen, lässt sich der Barwert einer Zahlungsreihe mathematisch wie folgt darstellen:

$$B_0 = \sum_{t=0}^{T} \frac{E_t}{(1+r)^t}$$

wobei E_t die Zahlungsströme in Periode t darstellen.

Beispiel:
Enkel Erich soll von seiner Großmutter Gerda im Vorgriff auf ein zu erwartendes Erbe im nächsten Jahr 20.000 €, in zwei Jahren 50.000 € und in drei Jahren 100.000 € erhalten. Der Kalkulationszinsfuß betrage vor dem Hintergrund der sehr schlechten Zinssituation an den Kapitalmärkten lediglich 2 %. Daraus lässt sich folgende Übersicht erstellen:

	t_0	t_1	t_2	t_3
E_t	0 €	20.000 €	50.000 €	100.000 €
$(1 + r)^t$		1,02	$1{,}02^2$ = 1,0404	$1{,}02^3$ = 1,061208
$\frac{E_t}{(1+r)^t}$	0 €	19.607,84 €	48.058,44 €	94.232,23 €
$B_0 = \sum_{t=0}^{T} \frac{E_t}{(1+r)^t}$	161.898,51 €			

Tabelle 17: Barwertkalkulation (1)

Die zu erwartende Zahlungsreihe hat also heute den Barwert von 161.898,51 €.

Wie verändert sich das Ergebnis, wenn der Kapitalmarkt bessere Zinsen in Höhe von 8 % bietet?

	t_0	t_1	t_2	t_3
E_t	0 €	20.000 €	50.000 €	100.000 €
$(1 + r)^t$		1,08	$1{,}08^2$ = 1,1664	$1{,}08^3$ = 1,259712
$\frac{E_t}{(1+r)^t}$	0 €	18.518,52 €	41.866,94 €	79.383,22 €
$B_0 = \sum_{t=0}^{T} \frac{E_t}{(1+r)^t}$	140.768,68 €			

Tabelle 18: Barwertkalkulation (2)

Bei einem Kapitalzinsfuß von 8 % hat die gleiche Zahlungsreihe wie oben nur noch einen Barwert in Höhe von 140.768,68 €.

Viele Studierende finden diesen Effekt auf den ersten Blick verwirrend: Höherer Zins und niedrigerer Barwert – wie das? Elementar dabei ist, dass wir bei der Barwertberechnung abzinsen und nicht wie bei der Vermögensendwertmaximierung (3.1) aufzinsen. Bei einem höheren Zins reicht heute ein niedrigerer Betrag, um die gleiche Zahlungsreihe in der Zukunft zu realisieren.

Bei Nicht-Finanz-Investitionen oder auch Sachinvestitionen ist die Zahlungsreihe meist etwas komplexer. Am Anfang muss eine größere Summe investiert werden, um eine Maschine zu kaufen, ein Grundstück, eine Produktionsanlage oder ein komplettes Unternehmen. Diese Anfangsauszahlung wird in den Modellen der Investitionsrechnung als Bruttoauszahlungsüberschuss $BAZÜ_0$ erfasst.

Fallen darüber hinaus auch in den Folgeperioden Auszahlungsüberschüsse an, beispielsweise für umfangreiche Reparaturen, Modernisierungen oder Ersatzinvestitionen, so werden diese als Bruttoauszahlungsüberschuss $BAZÜ_t$ erfasst.

In den Folgeperioden soll dann mit der Anfangsinvestition Umsatz generiert werden, der als Bruttoeinzahlungsüberschuss $BEZÜ_t$ jeder Periode erfasst wird.

Der Barwert der Gesamtinvestition wird dann als Kapitalwert der Investition bezeichnet und berechnet sich nach der Formel:

$$K_0 = \sum_{t=0}^{T} \frac{BEZÜ_t + BAZÜ_t}{(1+r)^t}$$

Dabei ist zu beachten, dass der $BAZÜ_t$ als Auszahlung mit einem negativen Wert in die Berechnung eingeht. In vielen Lehrbüchern findet sich eine Differenzbildung zwischen $BEZÜ_t$ und $BAZÜ_t$. Das ist nicht falsch, setzt aber implizit voraus, dass nur der Betrag des $BAZÜ_t$ – ohne Berücksichtigung des Vorzeichens – in der Formel verwendet wird. Mathematisch ergibt sich bei der Differenzbildung unter Verwendung der Absolutbeträge und der Addition der mit Vorzeichen versehenen Beträge das gleiche Ergebnis.

Beispiel:
Ein Unternehmen kauft eine Produktionsanlage für Kleinplastik (Schüsseln, Bestecke etc.). Dafür fällt in t_0 ein Kaufpreis von 250.000 € an, dessen Bezahlung auf zwei Jahre in zwei gleich hohen Raten vorgesehen ist. Der Betrieb der Maschine verursacht laufende Material- und Lohnkosten in Höhe von 80.000 € pro Jahr. Im ersten Betriebsjahr fallen Wartungskosten von 10.000 € an, die in den Folgejahren um jeweils 50 % gegenüber dem Vorjahreswert steigen. Die Umsatzplanung geht von 200.000 € im ersten Betriebsjahr aus, in den Folgejahren soll der Umsatz um jeweils 10 % gegenüber dem Vorjahreswert sinken. Insgesamt soll die Maschine fünf Jahre genutzt werden. Damit ergibt sich folgende Planübersicht für die Einnahmen und Ausgaben:

Periode	t_0	t_1	t_2	t_3	t_4	t_5
Umsatz =BEZÜ$_t$	–	200.000 €	180.000 €	162.000 €	145.800 €	131.220 €
Kaufpreis	-125.000 €	-125.000 €				
Material und Lohn		-80.000 €	-80.000 €	-80.000 €	-80.000 €	-80.000 €
Wartung		-10.000 €	-15.000 €	-22.500 €	-33.750 €	-50.625 €
BAZÜ$_t$	-125.000 €	-215.000 €	-95.000 €	-102.500 €	-113.750 €	-130.625 €
BEZÜ$_t$ + BAZÜ$_t$	-125.000 €	-15.000 €	85.000 €	59.500 €	32.050 €	595 €

Tabelle 19: Kapitalwertverfahren (1)

Gehen wir von einem Kalkulationszinsfuß von 10% aus, so stellt sich die Kapitalwertberechnung wie folgt dar:

$$K_0 = -125.000\,€ + \frac{-15.000\,€}{1{,}1^1} + \frac{85.000\,€}{1{,}1^2} + \frac{59.500\,€}{1{,}1^3} + \frac{32.050\,€}{1{,}1^4} + \frac{595\,€}{1{,}1^5} = -1.425{,}17\,€$$

Unsere Beispielplanung liefert damit einen negativen Kapitalwert. Damit wäre sie nicht zu empfehlen.

Es macht jedoch keinen Sinn, eine unternehmerische Investitionsplanung gleich völlig zu verwerfen, falls sie bei anderem Zahlenmaterial eventuell einen negativen Kapitalwert aufweist. Schließlich sagt das Ergebnis nur, dass die Investition mit den gegebenen Daten nicht wirtschaftlich sinnvoll durchführbar wäre. Gerade bei einem in Relation zu den gesamten Zahlen eher knapp unter Null liegenden Ergebnis für den Kapitalwert muss sofort die unternehmerische Initiative anspringen und Alternativen in den verwendeten Daten geprüft werden:

- Gibt es andere Beschaffungswege für die Anlage, bei der sie eventuell zu einem günstigeren Preis erworben werden kann?
- Lässt sich der Hersteller bzw. Verkäufer der eventuell auf eine weitere zinsfreie Streckung des Kaufpreises ein?
- Ist die rückläufige Umsatzplanung eventuell zu vorsichtig kalkuliert?
- Sind auf der Produktionsanlage eventuell Produktionskapazitäten frei, die man für Auftragsfertigungen verwenden könnte?

- Gibt es Möglichkeiten, beispielsweise durch Marketingmaßnahmen oder eine Ausweitung der Produktpalette die Umsätze, die in die Investitionsrechnung eingehen, zu erhöhen?
- Kann das Material, das im laufenden Betrieb der Anlage verbraucht wird, aus anderen Quellen oder über Einkaufsgemeinschaften günstiger erworben werden?
- Kann eine stärkere Automatisierung den Lohnkostenanteil senken?
- Können Standortüberlegungen den Lohnkostenanteil positiv im Sinne des Unternehmens beeinflussen?
- Kann die Wartung aus anderen Quellen günstiger bezogen oder selbst gemacht werden? Ist vielleicht eine Servicevereinbarung mit dem Hersteller eine kostengünstigere Alternative?
- Ist der verwendete Kapitalzinsfuß eventuell zu hoch oder gar zu niedrig?

Erst wenn alle unternehmerischen Alternativen überprüft und völlig ausgeschöpft sind und dennoch unter dem Strich ein negativer Kapitalwert steht, ist die Investition letztendlich abzulehnen. Ein negativer Kapitalwert bedeutet immer nur, dass die Investition auf Basis der verwendeten Daten abzulehnen ist.

Die modelltheoretische Erfassung von Investitionen im Rahmen des Kapitalwertverfahren kennt eine weitere Vereinfachung: die Normalinvestition. Als Normalinvestition werden solche Investitionen bezeichnet, die nur in der Startperiode einen $BAZÜ_0$ aufweisen. In den Folgeperioden liegen $BEZÜ_t$ vor. In diesem Fall vereinfacht sich die Formel für den Kapitalwert auf:

$$K_0 = \sum_{t=0}^{T} \frac{BEZÜ_t}{(1+r)^t} + BAZÜ_0$$

Auch hierbei gilt wie oben, dass der $BAZÜ_0$ mit negativem Vorzeichen in die Berechnung eingeht.

Beispiel:
Ein Spezialwerkzeughersteller prüft die Anschaffung einer CNC-Drehmaschine.[21] Diese Maschine kostet 500.000 € in der Anschaffung. In den vier Jahren der geplanten Nutzung wird damit gerechnet, dass $BEZÜ_t$ von 175.000 € p.a. erwirtschaftet werden können. Auch hier sei der Kalkulationszinsfuß mit 10 % gegeben. Daraus lässt sich folgende Übersicht erstellen:

[21] CNC = Computerized Numeric Control, vereinfacht gesagt: eine computergestützte Drehmaschine.

Periode	t_0	t_1	t_2	t_3	t_4
$BAZÜ_0$	–500.000 €				
$BEZÜ_t$		175.000 €	175.000 €	175.000 €	175.000 €

Tabelle 20: Kapitalwertverfahren (2)

Daraus errechnet sich der Kapitalwert nach der vereinfachten Formel für die Normalinvestition als:

$$K_0 = \frac{175.000\ €}{1,1} + \frac{175.000\ €}{1,1^2} + \frac{175.000\ €}{1,1^3} + \frac{175.000\ €}{1,1^4} - 500.000\ €$$
$$= 54.726\ €$$

Aus diesem positiven Kapitalwert lässt sich eine Vorteilhaftigkeit der Investition – bei den gegebenen Daten – ableiten. Es ist jedoch aus unternehmerischer Sicht immer zu berücksichtigen, dass diese einfache Kalkulation nach wie vor unter der Prämisse sicherer Erwartungen vorgenommen wurde. In der Praxis werden die Planungen für die künftigen $BEZÜ_t$ mit Unsicherheit behaftet sein, so dass die im obigen Beispiel angesprochenen Überlegungen hinsichtlich Verbesserungen der Ertrags- und Kostensituation des Unternehmens in der Praxis auch bei einer Normalinvestition zum Tragen kommen.

Liegt dem Management eines Unternehmens eine Planung vor, bei der wie in der obigen Normalinvestition über die Nutzungsdauer der Investition mit gleichbleibenden $BEZÜ_t$ geplant wird, so kann die Summenbildung aus der Kapitalwertformel vereinfacht werden. Hintergrund ist, dass ein solcher gleichbleibender Zahlungsstrom eine endliche Rente darstellt, bei der die Summe über die gleichbleibenden Zahlungen auch mit dem Rentenbarwertfaktor[22] erfasst werden kann:

$$K_0 = BEZÜ * RBF + BAZÜ_0$$

Eine Indizierung der BEZÜ ist in diesem Fall nicht notwendig, da die Grundannahme dieses speziellen Falles ist, dass die $BEZÜ_t$ gleich bleiben:

$$BEZÜ_1 = BEZÜ_2 = BEZÜ_3 = \ldots = BEZÜ$$

[22] Rentenbarwertfaktor $RBF = \frac{(1+r)^T - 1}{(1+r)^T * r}$.

Im obigen Beispiel bedeutet das:

$$K_0 = 175.000\ € * \frac{1{,}1^4 - 1}{1{,}1^4 * 0{,}1} - 500.000\ € = 54.726\ €$$

Auch hier gelten hinsichtlich der Aussagekraft des Ergebnisses sowie der unternehmerischen Ansatzpunkte zu dessen Änderung oder zur Berücksichtigung eventueller Unsicherheiten die gleichen Argumente wie oben.

Ein theoretischer Extremfall in der Kapitalwertberechnung sind unendlich gleichbleibende BEZÜ. Mathematisch entspricht das einer ewigen Rente[23], so dass sich die Formel für den Kapitalwert nochmals vereinfacht:

$$K_0 = \frac{BEZÜ}{r} + BAZÜ_0$$

Auch hier ist wiederum keine Indizierung der BEZÜ notwendig, da sie dauerhaft gleich bleiben. Gehen wir beispielhaft davon aus, dass die Maschine im obigen Beispiel nicht nur vier Jahre genutzt werden könnte, sondern dauerhaft einen BEZÜ von 175.000 € p. a. liefert, so errechnete sich der Kapitalwert für die ewige Nutzung als:

$$K_0 = \frac{175.000\ €}{0{,}1} - 500.000\ € = 1.250.000\ €$$

Üblicherweise werden in Standardlehrbüchern der Investitionsrechnung zwei Grundregeln verwendet, um Investitionen anhand des Kapitalwertes zu beurteilen. Die erste Regel lautet:

„Führe eine Investition durch, wenn sie einen positiven Kapitalwert aufweist".

Diese Regel ist eigentlich zu kurz gefasst, denn sie nutzt implizit die Grundannahme der sicheren Erwartungen. Ausführlich formuliert müsste die Regel demnach heißen:

„Führe eine Investition durch, wenn sie bei einem gegebenen sicheren Datensatz einen positiven Kapitalwert aufweist."

Wenn mehrere Investitionen miteinander verglichen werden, wird üblicherweise die zweite Grundregel verwendet:

„Wähle unter mehreren Investitionen die mit dem höchsten, nicht-negativen Kapitalwert."

---

[23] Der Barwert einer ewigen Rentenzahlung Z bei einem Kapitalzinsfuß von r errechnet sich als $B_0 = \frac{Z}{r}$

Auch hier wird die Grundannahme der sicheren Erwartungen implizit vorausgesetzt und in der Entscheidungsregel nicht mehr erwähnt. Hinzu kommt, dass eine Investition de facto niemals allein zur Entscheidung ansteht. Es gibt immer mindestens eine Alternative zu einer möglichen Investition: nichts zu tun! In diesem Fall ist der Auszahlungsplan der Alternativinvestition sehr simpel. Würde der Unternehmer, statt in eine Produktionsanlage, in einer Maschine, Transportgerät oder was auch immer zur Diskussion steht, zu investieren, einfach nichts macht, also einen $BAZÜ_0$ von Null und künftige $BEZÜ_t$ von Null hat, ist der Kapitalwert des Nichtstuns Null. Damit reduziert sich die Notwendigkeit von zwei Entscheidungsregeln auf eine, da die Alternative des Nichtstuns mit einem Kapitalwert von Null immer besteht:

„Wähle die Investition, die bei dem gegebenen sicheren Datensatz den höchsten nicht negativen Kapitalwert aufweist!"

Für den Fall, dass alle Investitionen außer dem Nichtstun einen negativen Kapitalwert aufweisen, umfasst diese Entscheidungsregel die oben genannte erste Regel, wird eben nicht investiert.

Die Kapitalwertmethode hat darüber hinaus den besonderen Charme, dass sie Unterschiede in den Zahlungsströmen sowie in der Nutzungsdauer verschiedener Investitionen bedeutungslos macht. Dies wollen wir an einem einfachen Beispiel zeigen.

Beispiel:
Ein EDV-Dienstleister will zwei Investitionen miteinander vergleichen. Die erste Investition besteht in der Anschaffung neuer Hardware, was über die nächsten zwei Jahre zu BEZÜ führen würde. Die zweite Investition besteht im Kauf einer kundenspezifischen Software, die allerdings nur für ein Jahr genutzt werden kann. Der Kapitalzinsfuß, der auch dem Marktzins für Kapital entsprechen soll, beträgt 8 %. Daraus ergibt sich folgende Übersicht:

Periode	t_0	t_1	t_2
Investition 1	–20.000 €	10.000 €	22.000 €
Investition 2	–12.000 €	18.000 €	–

Tabelle 21: Kapitalwertmethode bei unterschiedlichen Investitionssummen und Laufzeiten

Nur anhand der Zahlungsreihen selbst sind die beiden Investitionen nicht vergleichbar, da sie unterschiedliche Laufzeiten und auch einen unterschiedlichen Kapitalbedarf in Form des jeweiligen $BAZÜ_0$ haben. Eine Möglichkeit, die beiden Investitionen vergleichbar zu machen, besteht in der Nutzung von Ergänzungszahlungsreihen (EZR), um die Investitionen in der Laufzeit und im Kapitalbedarf anzugleichen:[24]

Periode	t_0	t_1	t_2
Investition 1	–20.000 €	10.000 €	22.000 €
Investition 2	–12.000 €	18.000 €	–
EZR_1 zu Investition 2	–8.000 €	–	9.331 €
EZR_2 zu Investition 2		–8.000 €	8.640 €
Investition 2′	–20.000 €	10.000 €	17.971 €

Tabelle 22: Ergänzungszahlungsreihen bei unterschiedlichen Investitionssummen und Laufzeiten

Erläuterung:

- *Mit EZR_1 zu Investition 2 wird der Differenzbetrag zwischen den beiden Investitionen (8.000 €) zum Zinssatz von 8 % für zwei Perioden angelegt; daraus resultiert in t_2 ein Rückfluss (angelegte Summe plus Zinsen) von 8.000 € * $(1{,}08)^2$= 9.331 €.*
- *Mit EZR_2 zu Investition 2 wird der Differenzbetrag zwischen den beiden Investitionen (8.000 €) zum Zinssatz von 8 % für eine Periode angelegt; daraus resultiert in t_2 ein Rückfluss (angelegte Summe plus Zinsen) von 8.000 € * 1,08 = 8.640 €.*
- *Die Aufsummierung der Zahlungen in den jeweiligen Perioden führt zur Zahlungsreihe Investition 2′.*

Nun sind beide Investitionen mit gleichem Kapitaleinsatz und gleicher Laufzeit versehen. Die Zahlungsreihen der Investition 1 und der Investition 2′ unterscheiden sich lediglich in t_2, so dass eine Vergleichsentscheidung auf dieser Basis getroffen werden kann. Allerdings gibt der Vergleich der über EZR angepassten Zahlungsreihen keinen Hinweis darauf, ob die beiden Investitionen überhaupt zu empfehlen sind, also ob sie einen positiven Kapitalwert aufweisen.

Verwenden wir aber die Formel für den Kapitalwert zur Beurteilung der beiden Investitionen, so werden der unterschiedliche Kapitaleinsatz und die unterschiedliche Laufzeit bedeutungslos. Beide Investitionen werden danach bewertet, was die – unter sicheren Erwartungen – geplanten

[24] gerundet auf volle Euro

Zahlungsströme der Zukunft zum Zeitpunkt t_0 wert sind, so dass eine einheitliche Vergleichsbasis entsteht:

$$K_0^{Investition1} = \frac{10.000\ €}{1,08} + \frac{22.000\ €}{1,08^2} - 20.000\ € = 8.121\ €$$

$$K_0^{Investition2} = \frac{18.000\ €}{1,08} - 12.000\ € = 4.667\ €$$

Investitionsentscheidungen können damit ohne die Notwendigkeit von Ergänzungszahlungsreihen allein auf Basis des Kapitalwertes getroffen werden.

Da wir beim Kapitalwertverfahren künftige Zahlungen auf t_0 abzinsen, gilt der einfache Zusammenhang:

- je höher der verwendete Kapitalzinsfuß, desto geringer der Kapitalwert, und
- je geringer der verwendete Kapitalzinsfuß, desto höher der Kapitalwert.

3.3.2 Annuitäten

Annuitäten sind Reihen gleichförmiger Zahlungen. Im Privatleben ist das den Menschen ein Begriff, die sich eine Immobilie gekauft haben und mit ihrer finanzierenden Bank einen Kredit mit gleichbleibenden Ratenzahlungen vereinbart haben. Ein solches Darlehen nennt man auch Annuitätendarlehen. Bei dieser Form des Kredits bleibt die Zahlung für den Kreditnehmer über die Kreditlaufzeit immer gleich hoch (= Annuität), denn sie setzt sich aus einem stetig sinkenden Anteil von Zinszahlungen und einem in gleichem Maße steigenden Anteil an Tilgungsleistung des Kredits zusammen.

Nun stellt sich die Frage, was das denn eigentlich mit Investitionen und ihrer Beurteilung zu tun hat? Das ist eigentlich eine rein mathematische Fragestellung, die mit der wirtschaftlichen Beurteilung von Investitionen zumindest nicht direkt zusammen hängt. Wir machen uns dabei die Tatsache zu Nutze, dass jede Zahlungsreihe in eine Annuität verwandelt werden kann, welche den gleichen Kapitalwert aufweist.

Um diese Annuität zu errechnen, bedient man sich der Annuitätenformel mit dem Kapitalwiedergewinnungsfaktor (KWF)[25]:

$$a = K_0 * KWF$$

Für unser obiges Beispiel bedeutet das:

$$a_{\text{Investition 1}} = 8.121 \text{ €} * \frac{1{,}08^2 * 0{,}08}{1{,}08^2 - 1} = 4.554 \text{ €}$$

$$a_{\text{Investition 2}} = 4.667 \text{ €} * \frac{1{,}08^2 * 0{,}08}{1{,}08^2 - 1} = 2.617 \text{ €}$$

Es ist zu beachten, dass beide Annuitäten für die Laufzeit der am längsten laufenden Investition – hier zwei Perioden – zu berechnen sind, um eine Vergleichbarkeit zwischen den beiden Beträgen herzustellen. Die so errechnete Annuität entspricht einer fiktiv entnehmbaren Summe pro Periode während der maximalen Investitionslaufzeit.

Wir führen damit quasi für alle kürzer laufenden Investitionen eine „als-ob"-Berechnung in der Form durch, dass wir eine Angleichung der Laufzeiten vornehmen. Damit verzichten wir auf den Vorteil der Kapitalwertmethode, die unabhängig von den Laufzeiten der zu beurteilenden Investition ist. Zudem kann eine sinnvolle, sprich: positive Annuität nur auf Basis eines positiven Kapitalwertes berechnet werden. Die Kapitalwerte werden dann mit dem gleichen KWF gewichtet, so dass die Annuitätenmethode zwangsläufig zum gleichen Ergebnis wie die Kapitalwertmethode führt. Da der Kapitalwert aber die Grundlage für die Berechnung der Annuitäten ist, stellt die Annuitätenmethode zwar ein nettes mathematisches Schmankerl da, bedeutet aber im Vergleich zur Kapitalwertmethode, die zur gleichen Investitionsentscheidung führt, für den Unternehmer, der lediglich über die Vorteilhaftigkeit von Investitionen entscheiden will, unnötigen zusätzlichen Rechenaufwand.

3.3.3 Interner Zinsfuß

Der interne Zinsfuß ist – allgemein formuliert – der Zinssatz, bei dem der Kapitalwert einer Investition Null wird. Umgekehrt entspricht der interne Zinsfuß damit der Mindestverzinsung einer In-

[25] Der KWF ist definiert als $KWF = \frac{(1+r)^T * r}{(1+r)^T - 1}$. Er ist damit nichts anderes als der Kehrwert des Rentenbarwertfaktors: $KWF = \frac{1}{RBF}$.

vestition, damit sie als wirtschaftlich sinnvoll im Sinne eines positiven Kapitalwertes beurteilt wird.

Für die weiteren Ausführungen dazu greifen wir auf die Formeln für den Kapitalwert unter 3.3.1 zurück und beginnen mit der Kapitalwertformel für dauerhaft gleiche BEZÜ, also den Fall einer „ewigen Rente“. Hierbei errechnet sich der interne Zinsfuß aus:

$$K_0 = 0 = \frac{BEZÜ}{r_i} + BAZÜ_0$$

Durch eine einfache Umstellung der Gleichung gelangt man zu:

$$r_i = \frac{BEZÜ}{-BAZÜ_0}$$

Dabei ist zu berücksichtigen, dass $BAZÜ_0$ als Auszahlung einen negativen Wert hat, was durch das negative Vorzeichen wieder korrigiert wird. Angewandt auf unser Beispiel aus 3.3.1.2 mit einem BEZÜ von 175.000 € und einem $BAZÜ_0$ von –500.000 € errechnet sich daraus ein interner Zinsfuß von:

$$r_i^{\text{„ewige Rente“}} = \frac{175.000\ €}{-(-500.000\ €)} = 0{,}35 = 35\ \%$$

Nun erweitern wir die Betrachtung auf eine zeitlich befristete Rente und gehen der einfacheren Berechnung halber von einer zweiperiodigen Laufzeit der Investition aus. Mit einem BEZÜ von 175.000 € und einem $BAZÜ_0$ von –500.000 € würde sich jedoch die Investition ohne groß rechnen zu müssen, innerhalb zwei Perioden nicht rechnen. Daher behalten wir für eine Beispielrechnung den $BAZÜ_0$ bei, gehen aber von zwei gleichbleibenden BEZÜ von 300.000 € aus. Die Bedingung für die Kalkulation des internen Zinsfußes lautet dann:

$$K_0 = 0 = BEZÜ * RBF + BAZÜ_0$$

Mit den entsprechenden Zahlungen und dem RBF für zwei Perioden versehen lautet der Gleichungsansatz dann:

$$0 = 300.000\ € * \frac{(1+r_i)^2 - 1}{(1+r_i)^2 * r_i} - 500.000\ €$$

Stellt man die Gleichung um, so ergibt sich:

$$(1+r_i)^2 - 1 = \frac{5}{3} * (1+r_i)^2 * r_i$$

Das Auflösen der binomischen Formeln sowie eine weitere Umstellung und das Ausklammern von r_i führen dann zu:

$$r_i * \left(5 * r_i^2 + 7 * r_i - 1\right) = 0$$

Mit der Annahme, dass $r_i \neq 0$, ist lediglich die quadratische Gleichung in der Klammer zu lösen[26], was einmal zu einem nicht sinnvollen negativen Zinssatz, zum anderen zu der gesuchten Lösung führt:

$$r_i = 13{,}1\ \%$$

Bei längeren Laufzeiten wir die Berechnung des internen Zinsfußes sehr komplex, die Ergebnisse sind dann auch oft nicht mehr eindeutig. Das begrenzt die Anwendbarkeit der Internen Zinsfuß-Methode.

Um den internen Zinssatz für Zahlungsreihen unterschiedlichen $BEZÜ_t$ zu bestimmen, greifen wir auf unser Beispiel des EDV-Dienstleisters zurück:

Periode	t_0	t_1	t_2
Investition 1	–20.000 €	10.000 €	22.000 €
Investition 2	–12.000 €	18.000 €	–

Tabelle 23: Kapitalwertmethode bei unterschiedlichen Investitionssummen und Laufzeiten (2)

Die Bedingung für die Kalkulation der internen Zinsfüße der beiden Investitionen lautet:

$$K_0 = 0 = \sum_{t=0}^{T} \frac{BEZÜ_t}{\left(1 + r_i\right)^t} + BAZÜ_0$$

Für Investition 1 bedeutet das:

$$0 = \frac{10.000\ €}{1 + r_i} + \frac{22.000\ €}{\left(1 + r_i\right)^2} - 20.000\ €$$

[26] beispielsweise über die „Mitternachtsformel“, auch ABC-Formel genannt:
$f(x) = a * x^2 + b * x + c \quad \rightarrow \quad x_{1/2} = \frac{-b \pm \sqrt{b^2 - 4 * a * c}}{2 * a}$.

Teilt man diese Gleichung durch 20.000 € und multipliziert sie gleichzeitig mit $(1+r_i)^2$, so ergibt sich eine quadratische Gleichung, für die wir die (p, q)-Formel[27] anwenden können:

$$(1+r_i)^2 - 0{,}5 * (1+r_i) - 1{,}1 = 0$$

$$r_i^{\text{Investition 1}} = 32{,}8\ \%$$

Die zweite Investition ist hinsichtlich des internen Zinsfußes einfacher zu kalkulieren:

$$0 = \frac{18.000\ €}{1+r_i} - 12.000\ €,$$

woraus sich durch einfaches Umstellen der Gleichung ergibt:

$$r_i^{\text{Investition 2}} = 50{,}0\ \%$$

Das ist auf den ersten Blick ein erstaunliches Ergebnis, besonders, wenn man es mit dem Ergebnis der Kapitalwertmethode vergleicht:

	Kapitalwertmethode	**Interne Zinsfuß-Methode**
Investition 1	8.121 €	32,8 %
Investition 2	4.667 €	50,0 %

Tabelle 24: Vergleich der Kapitalwert- und der Internen Zinsfußmethode

Nach der Kapitalwertmethode wäre demnach die Investition 1 vorzuziehen, während die Investition 2 den höheren internen Zinsfuß aufweist. Die Gründe dafür sind, dass die Nutzungsdauern der beiden Investitionen und das gebundene Kapital unterschiedlich sind. Diese Problematik wurde bei der Nutzung des Kapitalwertverfahrens durch den Bezug beider Investitionen auf den gleichen Zeitpunkt t_0 beseitigt. Für den internen Zinsfuß hingegen spielt die Laufzeit eine entscheidende Rolle, was alleine schon an der Einfachheit der Berechnung für Investition 2 im Vergleich zur Investition 1 deutlich wird. Implizit steckt darin die Annahme, dass die Ergänzungszahlungsreihe, die wir unter 3.3.1.verwendet haben, mit dem Kapitalzinsfuß verzinst wird, der zur Abzinsung der Investition verwendet wird und nicht mit dem internen Zinsfuß.

27 $f(x) = x^2 + p * x + q \quad \rightarrow x_{1/2} = -\frac{p}{2} \pm \sqrt{\left(\frac{p}{2}\right)^2 - q}$

Grafisch lässt sich dieser Effekt einfach darstellen. Werden für beide Investitionen Kapitalwerte mit unterschiedlich hohen Zinssätzen berechnet, gilt der unter 3.3.1 erläuterte Zusammenhang, dass der Kapitalwert mit zunehmendem Zinssatz sinkt. Ein Kapitalwert von Null wird exakt beim internen Zinsfuß der Investition erreicht. Die jeweiligen Kapitalwert-Kurven sehen dann – einzeln betrachtet – wie folgt aus:

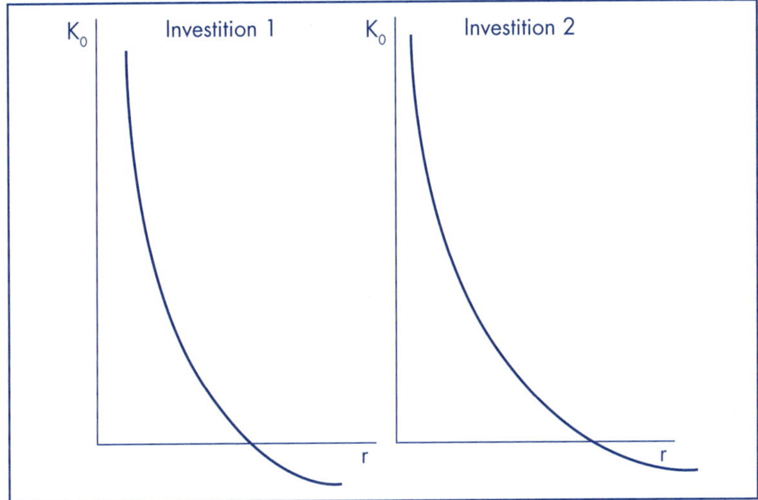

Abbildung 1: Kapitalwertkurven (1)

Führt man beide Kurven in einer Grafik zusammen, so ergibt sich folgendes Bild, bei dem sich die beiden Kapitalwertkurven schneiden. Exakt diese Situation liegt in unserem gewählten Beispiel vor:

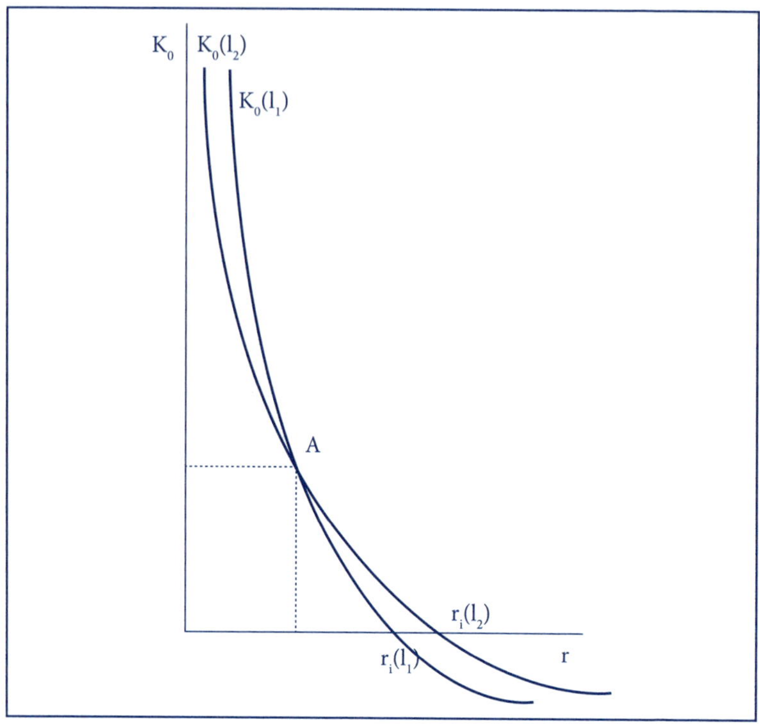

Abbildung 2: Kapitalwertkurven (2)

Investition 2 weist einen höheren internen Zinsfuß als Investition 1 auf.

- „Rechts" von Punkt A, in dem beide Investitionen beim gleichen Kapitalzinsfuß den gleichen Kapitalwert aufweisen, gibt es keinen Widerspruch zwischen den beiden Verfahren, da in diesem Bereich auch der Kapitalwert der Investition 2 höher ist als der der Investition 1.
- „Links" von Punkt A dreht sich da allerdings ins Gegenteil, und wir sind in der Situation, die wir mit unserem Widerspruch bei einem Kapitalzinsfuß von 8 % errechnet hatten: Investition 2 hat einen höheren internen Zinsfuß, weist aber im Bereich eines Kapitalzinsfußes zwischen 0 und A einen niedrigeren Kapitalwert als Investition 1 auf.

Der Widerspruch, der sich aus der obigen Tabelle bzw. aus der Grafik zwischen Kapitalwert- und Interner Zinsfuß-Methode ergibt, lässt sich – zumindest rein mathematisch – dadurch auflösen, dass die Ergänzungszahlungsreihe mit dem internen Zinsfuß der Investition verzinst wird:

Periode	t_0	t_1	t_2
Investition 1	-20.000 €	10.000 €	22.000 €
Investition 2	-12.000 €	18.000 €	–
EZR_1 zu Investition 2	-8.000 €	–	18.000 €
EZR_2 zu Investition 2		-8.000 €	12.000 €
Investition 2′	-20.000 €	10.000 €	30.000 €

Tabelle 25: Ergänzungszahlungsreihe mit „als-ob"-Verzinsung zum internen Zinsfuß

Dann weist die Investition 2 nicht nur einen höheren internen Zinsfuß, sondern auch einen höheren Kapitalwert als Investition 1 auf.

Allerdings sollte an dieser Stelle jeder Studierende stutzig werden, besonders vor dem Hintergrund unseres Hinweises, dass der Widerspruch durch dieses Vorgehen „rein mathematisch" aufgelöst werden kann. Praktisch entbehrt dieses Vorgehen jeglicher Realität. Der interne Zinsfuß einer Investition ergibt sich schließlich erst daraus, dass diese Investition durchgeführt wird. Dass die Erzielung eines gleich hohen Zinses bei einer nochmaligen Durchführung der Investition zu einem späteren Zeitpunkt möglich ist oder in Form irgendeiner anderen (Geld)Anlage eine gleich hohe Verzinsung zu erzielen ist, ist schlicht und einfach reine Utopie.

Darüber hinaus kann die Interne Zinsfuß-Methode bei Nicht-"Normal-Investitionen" zu Fehlentscheidungen führen. Vor diesem Hintergrund ist die Kapitalwertmethode der Internen Zinsfußmethode klar vorzuziehen.

Exkurs: Warum ist der interne Zinsfuß ein so beliebtes Entscheidungskriterium?

Nach den obigen Ausführungen fällt die Empfehlung pro Kapitalwertmethode und contra Interne Zinsfußmethode eindeutig aus. Dennoch ist letztere in der betrieblichen Praxis sehr beliebt. Woran liegt das?

Der Kapitalwert einer Investition bildet den aktuellen Wert einer künftigen Zahlungsreihe ab und hat damit die oben geschilderte Aussagekraft. Unter Praktikern wird aber dennoch die Angabe einer Prozentzahl zur Beurteilung einer Investition in Form des internen Zinsfußes als „griffiger" beurteilt.

Selbst das berühmt gewordene Ziel des früheren Vorstandssprechers der Deutschen Bank, Josef Ackermann, seine Bank müsse eine Eigenkapitalrendite von 25 % erreichen, stellt letztendlich nichts anderes dar als den geforderten internen Zinsfuß an die „Gesamtinvestition Deutsche Bank", gemessen am Eigenkapital.

Hat die Führungsriege eines Unternehmens ein solches Renditeziel ausgegeben, ganz gleich ob dieses je nach Branche bei 5%, 10%, 20% oder mehr liegt, wird es für darunter agierende Ebenen schwierig, Investitionen genehmigt zu bekommen, die zwar einen positiven Kapitalwert aufweisen, aber mit ihrem internen Zinsfuß unter dem Zielwert liegen. Dann stellt sich die Frage, wie die Investitionsverantwortlichen darauf reagieren können. Dazu gibt es verschiedene Möglichkeiten:

- Argumentativ können die Investitionen, die einen positiven Kapitalwert, aber einen niedrigeren internen Zinsfuß als die anvisierte Eigenkapitalrendite haben, gestützt werden, indem auf die Rolle der Investition für den Erhalt oder den Ausbau des Geschäftsbetriebs oder des Produkt- und Dienstleistungsportfolios verwiesen wird. Ist diese zentrale Rolle auch für die Führungsriege des Unternehmens nachvollziehbar, kann die Unterschreitung des Renditeziels bei der Entscheidung über eine Investition dann doch oft eine nachrangige Rolle spielen.
- Kalkulatorisch kann die Rendite einer Investition verbessert werden, indem günstiges Fremdkapital zu ihrer Finanzierung genutzt wird. Man nutzt dabei den so genannten „Leverage-Effekt".

Eine Investition mit einem Kapitalbedarf von 1.000.000 € weist einen internen Zinsfuß von 10% auf, bei einem Jahr Laufzeit der Investition sind das 100.000 €.

Fremdkapital steht bis zu einem Volumen von 750.000 € für einen Zinssatz von 3% zur Verfügung. Wird der Fremdkapitalrahmen voll ausgeschöpft, bedeutet das für die Investition einen Ertrag von (10% – 3%) * 750.000 €, also 52.500 € ohne eine Eigenkapitalbelastung.

Die verbleibenden 250.000 €, die aus Eigenmitteln finanziert werden, bringen die ursprünglich errechneten 10% Rendite, also 25.000 €.

Also wirft die Investition mit der voll ausgeschöpften Fremdkapitalfinanzierung zwar einen absolut geringeren Ertrag von 77.500 € ab; allerdings wird dieser Ertrag dann auf ein wesentlich geringeres eingesetztes Eigenkapital bezogen, so dass sich eine Eigenkapitalrendite von 77.500 €/250.000 € = 31% errechnet.

3.3.4 Dynamische Amortisationsrechnung

Die dynamische Amortisationsrechnung befasst sich mit der Fragestellung, wie lange es dauert, bis eine Investition die anfängliche Investition wieder erwirtschaftet, sprich: sich amortisiert hat. Erst ab diesem Zeitpunkt „rechnet" sich die Investition. In der Praxis ist das eine recht gebräuchliche Fragestellung, da Budgetverantwortliche üblicherweise Investitionen bevorzugen, die möglichst kurze Amortisationsräume haben: Je kürzer der Amortisationszeitraum, desto geringer das Risiko, dass während des Planungszeitraums irgendetwas schief gehen kann. Je länger der erwartete Amortisationszeitraum, desto größer ist das Risiko, dass sich währenddessen die Nachfrage nach dem Produkt verändert, dass neue Technologien den ganzen Markt oder zumindest die Produktionsmethoden verändern, oder dass die Investition unerwartete Defekte aufweist, die mit Reparatur- oder Ersatzaufwand verbunden sein könnte, was die ganze Investitionsrechnung aus dem Startzeitpunkt obsolet machen würde.

Mit unserem zuvor behandelten Werkzeug des Kapitalwertes lässt sich die Amortisationsperiode t* einfach als die Periode bestimmen, in der die aufsummierten, abgezinsten Bruttoeinzahlungsüberschüsse der Investition erstmalig die anfängliche Auszahlung übersteigen. Mathematisch lässt sich das – bei einem gegebenen Kapitalzinsfuß von r – wie folgt formulieren:

$$BAZÜ_0 < \sum_{t=1}^{t^*} \frac{BEZÜ_t}{(1+r)^t}$$

Beispiel:
Wir betrachten zwei Investitionen mit den unten gegebenen unterschiedlichen Anfangsinvestitionen und unterschiedlichen Rückflüssen. Der Kapitalzinsfuß sei mit 10% gegeben. Daraus lassen sich nach folgendem Muster die Amortisationsperioden berechnen:

	Investition 1			Investition 2		
t	**BAZÜ$_t$; BEZÜ$_t$**	**Barwert**	**ΣBarwert**	**BAZÜ$_t$; BEZÜ$_t$**	**Barwert**	**ΣBarwert**
0	-20.000 €			-60.000 €		
1	6.000 €	5.454,55 €	5.454,55 €	8.000 €	7.272,73 €	7.272,73 €
2	10.000 €	8.264,46 €	13.719,01 €	16.000 €	13.223,14 €	20.495,87 €
3	8.000 €	6.010,52 €	19,729,53 €	20.000 €	15.026,30 €	35.522,16 €
4	4.000 €	2.732,05 €	22.461,58 €	24.000 €	16.392,32 €	51.914,49 €
5	2.000 €	1.241,84 €	23.703,42 €	24.000 €	14.902,11 €	66.816,60 €
t*			4			5

Tabelle 26: Amortisationszeiträume

Ist eine Betrachtungsperiode das typische Geschäftsjahr, so macht es einen erheblichen Unterschied, ob die Amortisation sich bereits im ersten oder erst im letzten Monat eines Geschäftsjahres amortisiert. Darüber kann die Amortisationsperiode keine Auskunft geben. Die Lösung dafür liegt im Amortisationszeitpunkt und einer weiteren Modellannahme. Letztere setzt voraus, dass sich die Bruttoeinzahlungsüberschüsse eines

Geschäftsjahres gleichmäßig über die einzelnen Monate verteilen. Dann lässt sich der Amortisationszeitpunkt mit folgender Formel ermitteln:

$$t_A = \left(t^* - 1\right) - \frac{BAZÜ_0 + \sum_{t=1}^{t-1} \frac{BEZÜ_t}{\left(1+r\right)^t}}{\frac{BEZÜ_t}{\left(1+r\right)^t}}$$

Die Formel mutet zunächst komplex an, lässt sich aber in ihren Teilen einfach erklären.

$$\left(t^* - 1\right)$$

ist die Vorperiode zur Amortisationsperiode, also diejenige, in der sich die Investition gerade noch nicht amortisiert hat.

$$BAZÜ_0 + \sum_{t=1}^{t-1} \frac{BEZÜ_t}{\left(1+r\right)^t}$$

ist der abgezinste Betrag, der in der Amortisationsperiode noch fehlt und erwirtschaftet werden muss, damit sich die Investition amortisiert.

$$\frac{BEZÜ_t}{\left(1+r\right)^t}$$

ist der abgezinste Betrag der Rückflüsse aus der Amortisationsperiode.

$$-\frac{BAZÜ_0 + \sum_{t=1}^{t-1} \frac{BEZÜ_t}{\left(1+r\right)^t}}{\frac{BEZÜ_t}{\left(1+r\right)^t}}$$

ist damit der Anteil an der Amortisationsperiode, in dem noch Rückflüsse aus der Investition gebraucht werden, damit sich die Investition amortisiert. Genau an diesem Punkt wird die oben getroffene Annahme gleichverteilter Rückflüsse während eines Geschäftsjahres wichtig.

Also wird in der Formel zur Vor-Amortisationsperiode der Anteil der Amortisationsperiode hinzu addiert, der gebraucht wird, um die Amortisation der Investition punktgenau zu gewährleisten.

In unserem Beispiel errechnen sich die Amortisationszeitpunkte dann wie folgt:

$$t_{A_{Investition_1}} = (4-1) - \frac{-20.000\ € + 19.729,53\ €}{2.732,05\ €}$$

$$= 3 + \frac{270,47\ €}{2.732,05\ €} = 3,1$$

Investition 1 amortisiert sich also nach 3,1 Jahren bzw. wenn man die Dezimalstellen auf 12 Monate bezieht (0,098 * 12) nach 3 Jahren und 1,2 Monaten.

$$t_{A_{Investition_2}} = (5-1) - \frac{60.000\ € + 51.914,49\ €}{14.902,11\ €}$$

$$= 4 + \frac{8.085,51\ €}{14.902,11\ €} = 4,5$$

Investition 2 amortisiert sich also nach 4,5 Jahren bzw. wenn man die Dezimalstellen auf 12 Monate bezieht (0,54 * 12) nach 4 Jahren und 6,5 Monaten.

Vergleicht man die Methode der dynamischen Amortisationsrechnung mit der statischen Amortisationsrechnung, so ändert sich die Rang- oder Reihenfolge von miteinander zu vergleichenden Investitionen durch den Methodenwechsel nicht. Voraussetzung dafür ist allerdings, dass die zu vergleichenden Investitionen mit dem gleichen Kapitalzinsfuß abgezinst werden.

Allerdings geht mit der Verwendung des Kapitalwertes, also abgezinster und damit kleinerer Beträge, der Effekt einher, dass sich die Amortisationszeiträume bei der dynamischen Betrachtung verlängern. Da dieser Effekt jedoch jede zu analysierende Investition betrifft, gilt die erwähnte Konstanz der Reihenfolge beim Methodenwechsel.

In der Gesamtsicht bleibt auch die dynamische Amortisationsrechnung nur eine Ergänzung zu weiteren Beurteilungsverfahren von Investitionen. Als alleiniges Beurteilungskriterium ist die Amortisationsdauer einer Investition nicht geeignet.

3.4 Komplexere Realitäten

Bislang sind wir immer davon ausgegangen, dass wir in einer sehr einfachen Welt investieren, in der die Investitionen komplett mit zur Verfügung stehendem Eigenkapital finanziert wurden, und in der kein Staat Steuerforderungen erhebt. Das hat die Modelle deutlich vereinfacht und ein Grundverständnis für die dynamische Investitionsrechnung ermöglicht. Wir werden nun in einzelnen Schritten einzelne Vereinfachungen aufheben. Das verkompliziert die Modelle einerseits, führt sie aber andererseits auch stärker an die Realität heran.

3.4.1 Fremdfinanzierung

Fremdfinanzierung bedeutet, dass Kapital für in Frage stehende Investitionen nicht als Eigenkapital zur Verfügung steht oder aus unternehmerischen Gründen nicht über Eigenkapital finanziert werden soll. Die Quellen für Fremdkapital können vielfältig sein. Typische Kreditgeber sind Banken und Versicherungen, aber auch andere Unternehmen oder auch Einzelpersonen können als Fremdkapitalgeber agieren.

In den Modellen schlägt sich die Fremdkapitalfinanzierung durch die Berücksichtigung von so genannten Fremdfinanzierungszahlungsreihen (FZR) nieder. Die Bruttoaus- und -einzahlungsüberschüsse ($BAZÜ_t$ und $BEZÜ_t$) werden dabei um die FZR korrigiert, so dass wir zu den Nettoaus- und einzahlungsüberschüssen ($NAZÜ_t$ und $NEZÜ_t$) gelangen:

$$BAZÜ_t + FZR_t = NAZÜ_t \text{ und}$$

$$BEZÜ_t + FZR_t = NEZÜ_t.$$

Bei Normalinvestitionen mit einer ausschließlich einmaligen Anfangsinvestition gilt:

$$BAZÜ_0 + FZR_0 = NAZÜ_0.$$

Beispiel:
Bei einem kleinen Software-Entwickler sollen neue PCs angeschafft werden. Die Anfangsinvestition beträgt 10.000 €, die BEZÜ der beiden Folgeperioden betragen 5.000 € und 12.000 €. Die Investitionsausgabe in t_0 soll zu 50 % mit Fremdkapital finanziert werden, das die Hausbank des Unternehmens zu einem Zinssatz von 8 % bereitstellt. Der Kreditbetrag wird in zwei gleichen Raten jeweils am Ende von t_1 und t_2 getilgt. Der Kapitalzinsfuß, mit dem das Unternehmen Investitionen abzinst, liege bei 10 %. Daraus ergibt sich folgende Übersicht:

	t_0	t_1	t_2
BAZÜ$_0$; BEZÜ$_t$	–10.000 €	5.000 €	12.000 €
FZR$_t$	5.000 €	–2.500 € (Tilgung) –400 € (Zins) –2.900 €	–2.500 € (Tilgung) –200 € (Zins) –2.700 €
NAZÜ$_0$; NEZÜ$_t$	–5.000 €	2.100 €	9.300 €

Tabelle 27: Fremdkapitalzahlungsreihe

Der Kapitalwert der Investition errechnet sich dann nur aus den verbleibenden Eigenkapitalbewegungen, sprich: dem NAZÜ$_0$ und den NEZÜ$_t$:

$$K_o = -5.000\text{ €} + \frac{2.100\text{ €}}{1{,}1} + \frac{9.300\text{ €}}{1{,}1^2} = 4.595{,}04\text{ €}$$

Vergleicht man diesen Wert mit dem Kapitalwert bei einer 100-prozentigen Eigenkapitalfinanzierung der Investition:

$$K_0^{100\%\,EK} = -10.000\text{ €} + \frac{5.000\text{ €}}{1{,}1} + \frac{12.000\text{ €}}{1{,}1^2} = 4.462{,}81\text{ €}$$

so fällt auf, dass der Kapitalwert durch die Einbeziehung der Fremdkapitalfinanzierung gestiegen ist. Das liegt daran, dass in dem gewählten Beispiel der an die Bank zu zahlende Zins (8 %) geringer ist als der vom Unternehmen für die Abzinsung verwendete Kapitalzinsfuß des Eigenkapitals (10 %). Das Eigenkapital „rentiert" also höher als das Fremdkapital, so dass durch die Verwendung des Kredits quasi Eigenkapitalzinsen gespart werden. Hierbei handelt es sich um den so genannten Leverage-Effekt. Hierbei ist zu beachten, dass der vom Unternehmen verwendete Kapitalzinsfuß kalkulatorischen Charakter hat, während die für das Fremdkapital zu zahlenden Zinsen pagatorischen Charakter haben. Wären der Fremd- und der Eigenkapitalzinssatz gleich hoch, ergäbe sich kein Unterschied im Kapitalwert. Übersteigt der Fremdkapitalzinssatz den Eigenkapitalzinssatz, würde durch die Verwendung von Fremdkapital der Kapitalwert sinken.

3.4.2 Steuern

Das Thema Steuern kann auf hochkomplexe Art und Weise in der Investitionsrechnung berücksichtigt werden, indem Unterschiede zwischen gewinnabhängigen (Einkommensteuer, Körperschaftsteuer) und gewinnunabhängigen (Mehrwertsteuer, Grunderwerbsteuer, Vermögenssteuer, soweit gesetzlich vorgesehen) Steuern in die Modelle eingebaut werden. Die gewinnunabhängigen Steuern können einfach als zusätzliche Abflüsse im bisherigen Modell berücksichtigt werden; für die gewinnabhängigen Steuern ist ein anderes Vorgehen erforderlich. Zudem kann man auch – gerade international – unterschiedliche Steuersätze berücksichtigen. Eigenheiten in den jeweiligen nationalen Steuergesetzgebungen verkomplizieren das Untersuchungsobjekt noch weiter. Das geht aber in einer Einführung in die Investitionsrechnung klar zu weit.

Grundlegende Modellannahme für die Berücksichtigung von Steuern in der Investitionsrechnung ist eine allgemeiner Gewinn- und Einkommensteuer, die unabhängig von der Rechtsform des Unternehmens in gleicher Höhe, sprich mit dem gleichen Steuersatz, erhoben wird. Für diesen Steuersatz s gilt:

- 0 <= s <= 1, d.h. minimal werden keine Steuern erhoben (s = 0), maximal schöpft die Steuer den gesamten Gewinn ab (s = 1).
- Steuerzahlungen erfolgen am jeweiligen Periodenende.
- Verluste führen zu Steuererstattungen unter Berücksichtigung des Steuersatzes s und erfolgen ebenfalls jeweils am Periodenende.
- An „Steuererleichterungen“ sind Fremdkapitalzinsen (FKZ_t) und Abschreibungen vorgesehen.
  - Fremdkapitalzinsen sind voll steuerlich abzugsfähig,
  - Kredittilgungen hingegen berühren die Steuern nicht,
  - Abschreibungen werden vorgenommen, um den Werteverzehr eines Wirtschaftsgutes abzubilden. Sie sind auf Basis des Anschaffungswertes ($BAZÜ_0$) und der voraussichtlichen Nutzungsdauer als Absetzung für Abnutzung (AfA_t) ab der Folgeperiode nach der Anschaffung (t_1) steuerlich zu berücksichtigen. Auch Sonderabschreibungen, beispielsweise wenn ein Wirtschaftsgut irreparabel beschädigt wird, sind steuerlich zu berücksichtigen.

Mit diesen Grundlagen können wir aus einer gegebenen Zahlungsreihe einer Investition zunächst einen Gewinn für jede Periode t ermitteln:

$$G_t = BEZÜ_t - FKZ_t - AfA_t$$

Der so ermittelte Gewinn wird mit dem o.a. Steuersatz s belegt und bedeutet für das Unternehmen einen Abfluss an liquiden Mitteln, also einen negativen Cashflow. Während wir bei der Berücksichtigung der Fremdfinanzierung die Bruttoeinzahlungsüberschüsse ($BEZÜ_t$) lediglich um die Fremdfinanzierungszahlungsreihen (FZR_t) korrigieren mussten, ist es im Modell mit Steuern notwendig, darüber hinaus eine Korrektur um die Steuerzahlungen vorzunehmen:

$$NEZÜ_t \text{ nach Steuern} = BEZÜ_t + FZR_t - s * (BEZÜ_t - FKZ_t - AfA_t).$$

Um aus den so ermittelten $NEZÜ_t$ einen Kapitalwert zu errechnen, ist allerdings noch ein weiterer Schritt notwendig, der den Steuereffekt auf den Kapitalzinsfuß KZF abbildet:

$$KZF^{korrigiert} = KZF * (1 - s)$$

Diese Korrektur des KZF lässt sich am einfachsten mit seinem kalkulatorischen Charakter erklären: Wird der Steuersatz s auf alle zur Verfügung stehenden Investitionsalternativen erhoben, sinken damit die Opportunitätskosten des Eigenkapitals genau um den Steuersatz.

Der Kapitalwert errechnet sich dann nach der Formel:

$$K_{0 \text{ nach Steuern}} = BAZÜ_0 + \sum_{t=1}^{T} \frac{NEZÜ_t}{\left[1 + KZF * (1 - s)\right]^t}$$

Beispiel:
Wir gehen vom gleichen Beispiel des Software-Entwicklers unter 3.4.1 aus und ergänzen die Annahmen um eine geplante Nutzungsdauer der PCs von 2 Jahren und einem Steuersatz von 40 %. Darauf errechnet sich eine jährliche AfA von 5.000 €, mit der wir folgende Kalkulation vornehmen:

	t_0	t_1	t_2
$BAZÜ_0$; $BEZÜ_t$	–10.000 €	5.000 €	12.000 €
FKZ_t		–400 €	–200 €
AfA_t		–5.000 €	–5.000 €
$Gewinn_t$		–400 €	6.800 €
$Steuern_t$		–160 €	2.720 €
$BAZÜ_0$; $BEZÜ_t$	–10.000 €	5.000 €	12.000 €
– $Steuern_t$		–160 €	2.720 €
+ FZR_t	5.000 €	–2.900 €	–2.700 €
= $NEZÜ_t$	–5.000 €	2.260 €	6.580 €

Tabelle 28: Kapitalwertmethode mit Fremdkapital und Steuern

Der korrigierte Kapitalzinsfuß beträgt:

$$KZF^{korrigiert} = 10\ \% * (1 - 40\ \%) = 0{,}1 * 0{,}6 = 0{,}06 = 6\ \%$$

Damit errechnet sich der Kapitalwert unter Berücksichtigung von Fremdkapital, Abschreibung und Steuern als:

$$K_0 = -5.000\,€ + \frac{2.260\,€}{1{,}06} + \frac{6.580\,€}{1{,}06^2} = 2.988{,}25\,€$$

Im Vergleich zur Situation mit Fremdfinanzierung ohne Berücksichtigung von Steuern (4.595,04 €) sinkt der Kapitalwert. Das ist allerdings bei weitem nicht selbstverständlich, sondern nur der Fall, wenn der Zähler bei der Kapitalwertberechnung stärker sinkt als der Nenner. Bei sehr hohen Steuersätzen kann sich dieser Effekt ins Gegenteil verkehren. In Einzelfällen kann es zu dem so genannten Steuerparadoxon kommen, bei dem eigentlich nicht vorteilhafte Investitionen durch die Berücksichtigung von Steuern vorteilhaft werden.

Beispiel:
Ein Unternehmer überlegt, eine Maschine für 6.000 € anzuschaffen, die in den drei Folgeperioden Bruttoeinzahlungsüberschüsse von 0 €, 4.000 € und von 3.520 € einbringen. Die Finanzierung erfolge zu 100 % mit Eigenkapital, das einem Kalkulationszinsfuß von 10 % unterliegt.

Der Kapitalwert der Investition ohne Berücksichtigung von Steuern liegt bei:

$$K_0 = -6.000\,€ + \frac{0\,€}{1{,}1} + \frac{4.000\,€}{1{,}1^2} + \frac{3.520\,€}{1{,}1^3} = -49{,}59\,€$$

Der Kapitalwert ist negativ, die Investition wäre also abzulehnen.

Berücksichtigt man jedoch eine lineare Abschreibung der Maschine und Steuern in Höhe von 50 % (mit sofortigem Verlustausgleich), so ergibt sich folgende Zahlungsreihe:

	t_0	t_1	t_2	t_3
$BAZÜ_0$; $BEZÜ_t$	–6.000 €	0 €	4.000 €	3.520 €
AfA_t		–2.000 €	–2.000 €	–2.000 €
$Gewinn_t$		–2.000 €	2.000 €	1.520 €
$Steuern_t$		–1.000 €	1.000 €	760 €
$BAZÜ_0$; $BEZÜ_t$	–6.000 €	0 €	4.000 €	3.520 €
$–Steuern_t$		–1.000 €	1.000 €	760 €
$=NEZÜ_t$	–6.000 €	1.000 €	3.000 €	2.760 €

Tabelle 29: Steuerparadoxon

Der korrigierte Kapitalzinsfuß beträgt:

$$KZF^{korrigiert} = 10\ \% * (1 - 50\ \%) = 0{,}1 * 0{,}5 = 0{,}05 = 5\ \%$$

Der Kapitalwert der Investition unter Berücksichtigung von Steuern liegt damit bei:

$$K_0 = -6.000\ € + \frac{1.000\ €}{1{,}05} + \frac{3.000\ €}{1{,}05^2} + \frac{2.760\ €}{1{,}05^3} = 57{,}66\ €$$

Der Kapitalwert ist nun positiv, die Investition wäre zu empfehlen. Dieses Beispiel bildet das angesprochene Steuerparadoxon ab.

3.4.3 Optimale Nutzungsdauern

Exkurs: Videokassetten

Videokassetten sind in doppelter Hinsicht ein Beispiel dafür, wie veränderte Nachfragebedingungen Produktionsanlagen obsolet machen können. Als die Videokassetten Anfang der 70er Jahre des 20. Jahrhunderts ihren Siegeszug antraten, startete in Europa das VCR-System. 1976 kam das von JVC initiierte System VHS auf den Markt, 1978 betamax von Sony und 1979 wechselten Grundig und Philips auf ihr System Video2000. Von den drei marktbeherrschenden Systemen war seinerzeit Video2000 das hochpreisigste, betamax das qualitativ beste System, hatte aber Nachteile hinsichtlich der Laufzeit, und Sony war im Vergleich zu JVC vergleichsweise restriktiv bei der Lizensierung der Technologie. Daher wurde ein ungleich größerer Teil von Videos auf VHS produziert. Da die Porno-Industrie einen hohen Durchsatz an neuen Filmen hatte und hat, führte das zu dem Gerücht, dass letztendlich diese den Erfolg von VHS und das Scheitern von betamax und Video2000 zu verantworten hatte. Sicherlich hat die Porno-Industrie durch ihre hohe Zahl an verfügbaren Filmen auf VHS mit dazu beigetragen, aber letztendlich hat die freizügige Lizensierungspolitik von JVC zu diesem Erfolg über alle Filmgenres hinweg geführt.

Die Gerüchte über die Macht der Porno-Industrie bei der Wahl von Wiedergabeformaten hält sich aber hartnäckig und tauchte in den Medien auch nach dem Jahrtausendwechsel beim Kampf zwischen Blue Ray und HD-DVD wieder auf.

Bei der Betrachtung optimaler Nutzungsdauern ist zwischen zwei grundlegenden Begriffen zu unterscheiden.

- Die technische Nutzungsdauer einer Investition, typischerweise einer Maschine, einer Anlage oder auch nur eines Gerätes, beantwortet die Frage, wie lange die Investition genutzt werden kann. Sie entspricht quasi der maximalen Nutzungsdauer t_{max} der Investition, bevor das Gerät entsorgt oder die Produktionsanlage verschrottet wird.
- Die wirtschaftlich optimale Nutzungsdauer t_{opt} hingegen beantwortet die Frage, wie lange eine Investition vor dem Hintergrund wirtschaftlicher Überlegungen genutzt werden sollte.
  - Lange Nutzungsdauern einer Produktionsanlage können auf sich verändernde Nachfragebedingungen treffen.
  - Innovationen im Produkt- oder im Produktionsbereich können ältere Anlagen unwirtschaftlich machen. Solche „bahnbrechenden" Innovationen kommen aber in den seltensten Fällen von heute auf morgen an den Markt oder in die Produktion, so dass Produzenten meist eine gewisse Vorlaufzeit haben, um sich anzupassen. Dass das aber nicht immer ausreicht, wenn nicht rechtzeitig entsprechende unternehmerische Entscheidungen gefällt werden, hat Nokia bewiesen. Der finnische, einst marktführende Handyhersteller, hat die Smartphone-Welle komplett verschlafen und bekommt auch nach der Kooperation mit und der Übernahme der Handysparte durch Microsoft kaum einen Fuß auf den Boden zwischen den Platzhirschen von Apple und Android-basierten Smartphones.
  - Lange Nutzungsdauern führen oft zu höherem Reparaturbedarf, da sich die Investition abnutzt. Schlimmstenfalls kann es dabei sogar zu kompletten Produktionsausfällen kommen. Spätestens dann ist es Zeit, über einen Stopp des Betriebes oder über eine Ersatzinvestition nachzudenken.

Zitate aus der Praxis:
„Nach fest kommt ab!" (Eckhard)
„Nach ab kommt neu!" (Ihr freundlicher Installateur vor Ort)

Typischerweise gilt: $t_{opt} < t_{max}$, auch dann, wenn eine Investition durch einen unvorhergesehenen Schaden (von einer Überflutung bis zu einem vergessenen Schraubenschlüssel bei der Inspektion sind hierbei alle Gründe denkbar) vorzeitig untergeht. Denn eigentlich wäre die Investition ja länger – bis zu t_{max} – nutzbar gewesen.

Bei der Analyse der optimalen Nutzungsdauer einer Investition greift die Finanzwirtschaft auf ein bewährtes Instrument der Volkswirtschaftslehre zurück, die Grenzbetrachtung: Demnach wird eine

Investition genutzt, solange sie in der letzten betrachteten Periode noch einen Wertzuwachs, gemessen am Kapitalwert, bringt. Nimmt der Kapitalwert durch die Verlängerung der Nutzungsdauer ab, d. h. ist der zusätzliche Kapitalwert der weiteren Periode negativ, ist die optimale Nutzungsdauer überschritten.

Beispiel:
Eine europäische Firma, die Solarenergiemodule herstellt, investiert 60 Mio. € in eine neue Produktionsanlage für Dünnschicht-Technologie, um mit den aktuellen Marktentwicklungen und der Nachfrage nach diesen Produkten mithalten zu können. Die Wettbewerbssituation in Europa ist weitgehend bereinigt, aber es ist klar, dass die Konkurrenz aus Fernost, speziell aus China, einerseits dafür sorgen wird, dass die Produktionsanlage schnell an Wert verliert, und andererseits zu einem schnellen Nachlassen der Nachfrage nach den Produkten des europäischen Unternehmens führen wird, da die Konkurrenz mittelfristig günstiger produzieren kann. Der Kapitalzinsfuß, mit dem das Unternehmen abdiskontiert, liege bei 10%.

Daraus resultieren folgende Zahlungsreihe und Restwerte:

	t_0	t_1	t_2	t_3	t_4
$BAZÜ_0$; $BEZÜ_t$	–60 Mio. €	50 Mio. €	38 Mio. €	23 Mio. €	1 Mio. €
Restwert R_t		50 Mio. €	25 Mio. €	6 Mio. €	0 €

Tabelle 30: Zahlungsreihe mit Restwerten

Das Unternehmen hat also in diesem Beispiel die Möglichkeiten:

- Betrieb für eine Periode mit anschließendem Verkauf zum Restwert R_1
- Betrieb für zwei Perioden mit anschließendem Verkauf zum Restwert R_2
- Betrieb für drei Perioden mit anschließendem Verkauf zum Restwert R_3
- Betrieb für vier Perioden mit anschließender Verschrottung (R_4 = 0)

Die optimale Nutzungsdauer ist diejenige mit dem höchsten Kapitalwert der vier Alternativen. Mathematisch lässt sich das wie folgt darstellen:

$$K_0^{(T)} = BAZÜ_0 + \sum_{t=1}^{T} \frac{BEZÜ_t}{(1+r)^t} + \frac{R_T}{(1+r)^T} \rightarrow Max!$$

Es wird also für jede Alternative der Kapitalwert bei der Nutzung der Produktionsanlage für T Perioden errechnet (dabei ist der Restwert jeweils um T Perioden abzuzinsen), und die Periode t mit dem höchsten Kapitalwert entspricht der optimalen Nutzungsdauer.

Für unser Beispiel bedeutet das:

$$K_0^{(1)} = -60 \text{ Mio. €} + \frac{50 \text{ Mio. €}}{1,1} + \frac{50 \text{ Mio. €}}{1,1} = 30,91 \text{ Mio. €}$$

$$K_0^{(2)} = -60 \text{ Mio. €} + \frac{50 \text{ Mio. €}}{1,1} + \frac{38 \text{ Mio. €}}{1,1^2} + \frac{25 \text{ Mio. €}}{1,1^2} = 37,52 \text{ Mio. €}$$

$$K_0^{(3)} = -60 \text{ Mio. €} + \frac{50 \text{ Mio. €}}{1,1} + \frac{38 \text{ Mio. €}}{1,1^2} + \frac{23 \text{ Mio. €}}{1,1^3} + \frac{6 \text{ Mio. €}}{1,1^3} = 38,65 \text{ Mio. €}$$

$$K_0^{(4)} = -60 \text{ Mio. €} + \frac{50 \text{ Mio. €}}{1,1} + \frac{38 \text{ Mio. €}}{1,1^2} + \frac{23 \text{ Mio. €}}{1,1^3} + \frac{1 \text{ Mio. €}}{1,1^4} = 34,82 \text{ Mio. €}$$

Der höchste Kapitalwert errechnet sich bei einer Laufzeit von drei Perioden mit anschließendem Verkauf zum Restwert R_3. Damit ist die optimale Nutzungsdauer der Produktionsanlage drei Perioden.

Dieses Modell hat natürlich seine Grenzen. So setzt es einen parabolischen Verlauf des Kaptalwertes über die betrachteten Perioden und damit ein eindeutiges Maximum voraus. Bei Produkten, die zyklische Nachfragen erleben, d. h. Schwächephasen, die dann wieder von Boomphasen abgelöst werden, ist diese Eindeutigkeit nicht gegeben.

Um zu zeigen, welche Auswirkungen die Berücksichtigung von Steuern auf die optimale Nutzungsdauer hat, gehen wir vom obigen Beispiel aus. Darüber hinaus nehmen wir eine Abschreibungsdauer von vier Perioden und einen Steuersatz s von 40 % an.

Aus diesen Angaben lässt sich – bei Nutzung der Anlage über die vier geplanten Abschreibungsperioden – folgende Zahlungsreihe erstellen:

ohne Veräußerung	t_1	t_2	t_3	t_4
$BEZÜ_t$	50 Mio. €	38 Mio. €	23 Mio. €	1 Mio. €
AfA_t	–15 Mio. €	–15 Mio. €	–15 Mio. €	–15 Mio. €
Gewinn$_t$	35 Mio. €	23 Mio. €	8 Mio. €	–14 Mio. €
$Steuern_t$	–14 Mio. €	–9,2 Mio. €	–3,2 Mio. €	5,6 Mio. €
$BEZÜ_t$	50 Mio. €	38 Mio. €	23 Mio. €	1 Mio. €
$Steuern_t$	–14 Mio. €	–9,2 Mio. €	–3,2 Mio. €	5,6 Mio. €
$NEZÜ_t$ (o.V.)	36 Mio. €	28,8 Mio. €	19,8 Mio. €	6,6 Mio. €

Tabelle 31: Zahlungsreihe ohne vorzeitige Veräußerung

Wird die Anlage hingegen zum Ende der jeweiligen Periode t verkauft, so ist zu berücksichtigen, dass sich aus der Differenz zwischen dem Restwert R_t und dem Buchwert BW_t (Anschaffungskosten – kumulierte Abschreibungen) zu einem sonstigen betrieblichen Ertrag oder Aufwand führen kann, der steuerlich zu berücksichtigen ist:

mit Veräußerung	t_1	t_2	t_3	t_4
$BEZÜ_t$	50 Mio. €	38 Mio. €	23 Mio. €	1 Mio. €
AfA_t	–15 Mio. €	–15 Mio. €	–15 Mio. €	–15 Mio. €
BW_t	45 Mio. €	30 Mio. €	15 Mio. €	0 €
R_t	50 Mio. €	25 Mio. €	6 Mio. €	0 €
sonstiger betrieblicher Erfolg (= R_t-BW_t)	5 Mio. €	–5 Mio. €	–9 Mio. €	0 €
Gewinn$_t$	40 Mio. €	18 Mio. €	–1 Mio. €	–14 Mio. €
$Steuern_t$	–16 Mio. €	–7,2 Mio. €	0,4 Mio. €	5,6 Mio. €
$BEZÜ_t$	50 Mio. €	38 Mio. €	23 Mio.	1 Mio. €
$Steuern_t$	–16 Mio. €	–7,2 Mio. €	0,4 Mio. €	5,6 Mio. €
R_t	50 Mio. €	25 Mio. €	6 Mio. €	0 €
$NEZÜ_t$ (m.V.)	84 Mio. €	55,8 Mio. €	29,4 Mio. €	6,6 Mio. €

Tabelle 32: Zahlungsreihe mit vorzeitiger Veräußerung

Für die Berechnung der Kapitalwerte für die verschiedenen Nutzungsdauern sind nun die $NEZÜ_t$ (o.V.) und die $NEZÜ_t$ (m.V.) zu kombinieren, und der Kapitalzinsfuß ist um den Steuersatz zu korrigieren.

$$KZF^{korrigiert} = 10\,\% * (1 - 40\,\%) = 0{,}1 * 0{,}6 = 0{,}06 = 6\,\%$$

$$K_0^{(1)} = BAZÜ_0 + \frac{NEZÜ_1(m.V.)}{1{,}06} = -60 \text{ Mio. €} + \frac{84 \text{ Mio. €}}{1{,}06} = 19{,}2 \text{ Mio. €}$$

$$K_0^{(2)} = BAZÜ_0 + \frac{NEZÜ_1(o.V.)}{1{,}06} + \frac{NEZÜ_2(m.V.)}{1{,}06^2}$$

$$= -60 \text{ Mio. €} + \frac{36 \text{ Mio. €}}{1{,}06} + \frac{55{,}8 \text{ Mio. €}}{1{,}06^2} = 23{,}6 \text{ Mio. €}$$

$$K_0^{(3)} = BAZÜ_0 + \sum_{t=1}^{2} \frac{NEZÜ_t(o.V.)}{1{,}06^t} + \frac{NEZÜ_3(m.V.)}{1{,}06^3}$$

$$= -60 \text{ Mio. €} + \frac{36 \text{ Mio. €}}{1{,}06} + \frac{28{,}8 \text{ Mio. €}}{1{,}06^2} + \frac{29{,}4 \text{ Mio. €}}{1{,}06^3} = 24{,}3 \text{ Mio. €}$$

$$K_0^{(4)} = BAZÜ_0 + \sum_{t=1}^{3} \frac{NEZÜ_t(o.V.)}{1{,}06^t} + \frac{NEZÜ_4(m.V.)}{1{,}06^4}$$

$$= -60 \text{ Mio. €} + \frac{36 \text{ Mio. €}}{1{,}06} + \frac{28{,}8 \text{ Mio. €}}{1{,}06^2} + \frac{19{,}8 \text{ Mio. €}}{1{,}06^3} + \frac{6{,}6 \text{ Mio. €}}{1{,}06^4}$$
$$= 21{,}4 \text{ Mio. €}$$

Nach dieser Berechnung wird der höchste Kapitalwert bei einem Verkauf in Periode 3 realisiert. Gegenüber dem Beispiel ohne Steuern bedeutet das keine Veränderung der optimalen Nutzungsdauer. Es ist zu beachten, dass dieser Effekt lediglich dem Beispiel und den dabei verwendeten Größen geschuldet und nicht zwangsläufig ist. Die Berücksichtigung von Steuern kann die optimale Nutzungsdauer verändern, zwingend ist das jedoch, wie das Beispiel zeigt, nicht.

Wir haben bereits darauf hingewiesen, dass in der Regel weder die technische noch die wirtschaftliche Nutzungsdauer einer Investition unendlich sind. Besteht aber Nachfrage nach den mit dem Investitionsobjekt hergestellten Produkten über die technisch maximale oder wirtschaftlich optimale Nutzungsdauer hinaus, stellt sich für den Unternehmer die Frage nach einer Ersatzinvestition. Zwecks Vereinfachung des Modells gehen wir davon aus, dass bei einer einmaligen Ersatzinvestition die exakt gleiche Zahlungsreihe zum Tragen kommt.

In der Analyse dieses Vorgangs geht man quasi einen umgekehrten Weg. Die Ersatzinvestition wird dabei behandelt wie die oben hergeleitete optimale Nutzungsdauer bei einmaliger Investition: Die Ersatzinvestition wird ja in diesem Modellrahmen selbst nicht wieder ersetzt. Damit stehen dem Unternehmen wieder verschiedene Alternativen zur Verfügung:

- Betrieb der Erstinvestition für T Perioden, Verkauf der ersten Anlage zum Restwert R_T, und Einsatz der Ersatzinvestition für die unter 3.4.3 errechnete optimale Nutzungsdauer.

Mathematisch lässt sich das wie folgt fassen:

$$K_0^{T+T_{opt}} = K_0^{Erstinvestition(T)} + \frac{K_0^{Ersatzinvestition\,(T_{opt})}}{(1+r)^T} \rightarrow Max!$$

Beispiel:
Alle Angaben wie o. a.; Erst- und Ersatzinvestition führen zu den exakt gleichen Zahlungsreihen. Das führt zu folgender Kalkulation (wobei die Kapitalwerte der Erstinvestition direkt aus der Kalkulation unter 3.4.3.1 übernommen werden können):

$$K_0^{(4)} = 30{,}91 \text{ Mio. €} + \frac{38{,}65 \text{ Mio. €}}{1{,}1} = 66{,}04 \text{ Mio. €}$$

$$K_0^{(5)} = 37{,}52 \text{ Mio. €} + \frac{38{,}65 \text{ Mio. €}}{1{,}1^2} = 69{,}46 \text{ Mio. €}$$

$$K_0^{(6)} = 38{,}91 \text{ Mio. €} + \frac{38{,}65 \text{ Mio. €}}{1{,}1^3} = 67{,}68 \text{ Mio. €}$$

Der Kapitalwert $K_0^{(5)}$ ist von den betrachteten Werten der maximale. Die Gesamtnutzungsdauer beider Investitionen zusammen beträgt fünf Perioden. Damit fällt die Nutzungsdauer der Erstinvestition bei der Nutzung einer exakt gleichen Ersatzinvestition (zwei Perioden) kürzer aus als bei der einmaligen Investition (drei Perioden).

Der Grund für die Verkürzung der Nutzungsdauer der Erstinvestition liegt darin, dass nicht nur der Anschaffungspreis der Erstinvestition ($BAZÜ_0$) erwirtschaftet werden muss, sondern auch die Verzinsung des Kapitalwertes der Ersatzinvestition.

Das Modell einer einmaligen Ersatzinvestition hat einen klaren Haken: Wie soll es in der Realität mit der gleichen Investition funktionieren, plötzlich wieder höhere Bruttoeinzahlungsüberschüsse, die zu einem großen Teil aus höheren Umsätzen und nicht aus geringeren (Reparatur-)Ausgaben resultieren, zu erwirtschaften? Das würde nur mit einem neuen Produkt, einer günstigeren Technologie oder einer veränderten Nachfrage funktionieren, keinesfalls aber mit einer exakt gleichen Investition. Damit bleibt das Modell der optimalen Nutzungsdauer bei einmaliger Ersatzinvestition reine Theorie.

Die unendliche Wiederholung einer Investition ist letztendlich die Erfüllung eines Unternehmertraums, bedeutet das doch, dass der Unternehmer damit rechnet, permanent am Markt zu bleiben und nie in derartige finanzielle Schwierigkeiten zu kommen, die ihm bzw. seinem Unternehmen die weitere Existenz verwehren könnten.

In dieser Situation steht dann aber nicht mehr die Optimierung verschiedener Nutzungsdauern im Fokus, da sich diese durch die unendliche Wiederholung angleichen. Vielmehr ist nun eine Nutzungsdauer gesucht, die auf Dauer einen gleichen, möglichst hohen, Bruttoeinzahlungsüberschuss erwirtschaftet, also eine Annuität. Für die Berechnung einer Annuität benötigen wir den Kapitalwiedergewinnungsfaktor für verschiedene Laufzeiten t der zu betrachtenden Investition:

$$KWF_t = \frac{(1+r)^t * r}{(1+r)^t - 1}$$

Die Annuität errechnet sich dann als:

$$a_t = K_o^t * KWF_t$$

und sollte möglichst hoch ausfallen.

Beispiel:
Alle Angaben werden wie im obigen Beispiel beibehalten. Daraus ergibt sich folgende Rechnung:

$$a_1 = 30{,}91 \text{ Mio. €} * \frac{1{,}1 * 0{,}1}{1{,}1 - 1} = 34{,}00 \text{ Mio. €}$$

$$a_2 = 37{,}52 \text{ Mio. €} * \frac{1{,}1^2 * 0{,}1}{1{,}1^2 - 1} = 21{,}61 \text{ Mio. €}$$

$$a_3 = 38{,}65 \text{ Mio. €} * \frac{1{,}1^3 * 0{,}1}{1{,}1^3 - 1} = 15{,}54 \text{ Mio. €}$$

$$a_4 = 34{,}82 \text{ Mio. €} * \frac{1{,}1^4 * 0{,}1}{1{,}1^4 - 1} = 10{,}98 \text{ Mio. €}$$

Die höchste Annuität errechnet sich in dem Beispiel nach einer Periode, also würde bei unendlicher Wiederholung der Investition jedes Jahr in eine neue Produktionsanlage investiert.

Als Kritik ist hier der gleiche Punkt vorzubringen wie bei der einmaligen Ersatzinvestition: Wie soll es in der Realität mit jeweils gleichen Investitionen funktionieren, plötzlich wieder höhere Bruttoeinzahlungsüberschüsse, die zu einem großen Teil aus höheren Umsätzen und nicht aus geringeren (Reparatur-)Ausgaben resultieren, zu erwirtschaften? Das würde nur mit einem neuen Produkt, einer günstigeren Technologie oder einer veränderten Nachfrage funktionieren, keinesfalls aber mit exakt gleichen Investitionen. Damit bleibt das Modell der optimalen Nutzungsdauer bei unendlicher Wiederholung genau wie das Modell der optimalen Nutzungsdauer bei einmaliger Ersatzinvestition reine Theorie.

3.5 Programmentscheidungen: Dean-Modell

Das Dean-Modell ist ein in den komplexeren Realitäten sehr einfaches Modell, um limitierte Kapazitäten bei der Finanzierung abzubilden. Zugleich enthält es die Möglichkeit, zwischen verschiedenen, teilbaren und unteilbaren, Investitionsobjekten zu unterscheiden. Das Dean-Modell lehnt sich zudem in seiner Darstellung sehr eng an die volkswirtschaftliche Darstellung von (Kapital-)Angebot und Nachfrage an.

Das Dean-Modell basiert auf einigen Grundannahmen, welche seine Handhabung und die Darstellung vereinfachen:

- Betrachtung einer einzigen Planungsperiode: Längere Betrachtungszeiträume sind zwar grundsätzlich denkbar, verkomplizieren das Modell aber unnötig. Dann wären zusätzlich Laufzeiten von Investitionen und Finanzierungen aufeinander abzustimmen; der Erkenntniswert daraus wäre gering.
- Die in Frage stehenden Investitionsobjekte sind voneinander unabhängig: Diese Grundannahme dient insofern einer Vereinfachung, als die Investitionsobjekte damit de facto kleiner werden. Eine Investition, die nur dann realisiert wird, wenn eine andere schon durchgeführt wurde, oder eine Investition, die zwangsläufig weitere Investitionen nach sich zieht, müssten eigentlich als eine Investition betrachtet werden. Beispiele für voneinander abhängige Investitionen sind Umweltschutzinvestitionen beim Bau von Produktionsanlagen (Folgeinvestition) oder die Erschließung von Bauland (Anschluss an die Kanalisation und weitere infrastrukturelle Versorgung) vor dem eigentlichen Bau von Häusern bzw. Gewerbeeinheiten auf der entsprechenden Fläche (Vorinvestition).
- Die betrachteten Investitionen und Finanzierungen sind voneinander unabhängig: Voneinander abhängige Investitionen und Finanzierungen sind in vielen Branchen Tagesgeschäft. Angebote für den Kauf eines Transporters werden mit einer günstigen Finanzierung verknüpft. Bestimmte Darlehen (zum Beispiel der Kreditanstalt für Wiederaufbau KfW) sind nur für bestimmte Verwendungen wie energiesparende Neu- oder Ersatzinvestitionen vorgesehen. Auch im privaten Bereich sind voneinander abhängige Investitionen (diese sind dann aber eher als Konsum zu werten) und der Finanzie-

rung weit verbreitet, beispielsweise Null-Prozent-Finanzierungen in Elektronikmärkten oder in Möbelhäusern. Diese direkte Zuordnung von Finanzierungen zu Investitionen passt aber nicht in ein Modell freien Angebotes und freier Nachfrage. Daher fußt das Dean-Modell auf voneinander unabhängigen Investitionen und Finanzierungen.

- Die betrachteten Investitionsmöglichkeiten und Finanzierungen sind beliebig teilbar: Diese Grundannahme vereinfacht das Modell dahingehend, dass ein Schnittpunkt von Angebot und Nachfrage in jedem Fall ein Gleichgewicht definiert. Sind die Investitionsmöglichkeiten nicht beliebig teilbar, beispielsweise macht es keinen Sinn, eine „halbe" Produktionsanlage zu bauen, ist das Modell anpassbar. Das erfordert jedoch zusätzliche Kalkulationen und entsprechend unternehmerische Entscheidungen.

Mitunter ist als weitere Annahme des Dean-Modells zu lesen, dass keine Konsumpräferenzen bestünden. Diese Annahme ist aus unserer Sicht schlicht überflüssig, da das Dean-Modell eine reine Investitionsbetrachtung ist und Konsum bzw. der aus dem Konsum resultierende Nutzen für ein privates Wirtschaftssubjekt keine Rolle spielen.

Um im Dean-Modell zu einem Kapitalangebot und einer Kapitalnachfrage zu kommen, sind die Finanzierungsmöglichkeiten nach ihrem Preis (Zins) aufsteigend und die Investitionsobjekte nach ihrem Preis (Zins) absteigend zu ordnen. Die so geordneten Investitionsobjekte bilden dann eine fallende Kapitalnachfragekurve, die Finanzierungsmöglichkeiten eine steigende Kapitalangebotskurve. Das wollen wir an einem Beispiel verdeutlichen.

Beispiel:
Ein Unternehmer hat die Möglichkeit, Investitionsprojekte mit folgenden Ein- und Auszahlungen durchzuführen:

	IO_1	IO_2	IO_3	IO_4
Auszahlungen t_0	–4.000 €	–6.000 €	–6.000 €	–10.000 €
Einzahlungen t_1	4.800 €	9.600 €	10.800 €	13.500 €

Tabelle 33: Investitionsalternativen im Dean-Modell

Dem Unternehmer steht zur Finanzierung zum einen Eigenkapital in Höhe von 3.000 € zur Verfügung, dessen Opportunitätskosten 10 % betragen. Zum anderen stehen ihm folgende Kreditbeträge zur Verfügung:

	FK_1	FK_2	FK_3	FK_4
Kreditlimit	3.000 €	4.000 €	8.000 €	8.000 €
Kreditzins	15%	10%	40%	20%

Tabelle 34: Finanzierungsalternativen im Dean-Modell

Das Dean-Modell bietet eine Anwendungsmöglichkeit der unter 3.1.3 diskutierte Kreditlimitierungen. Änderungen von Kreditlimits können dabei durch entsprechende Anpassungen in den zur Verfügung stehenden Fremdkapitalalternativen berücksichtigt werden.

Die Investitionsobjekte seien beliebig teilbar, und die Investitionen sind von den Finanzierungen unabhängig.

Um das Kapitalangebot zu ermitteln, sind die Fremd- und Eigenkapitalfinanzierungsalternativen nach aufsteigendem Zins zu sortieren:

$$\text{Zins}_{FK_2} = \text{Zins}_{EK} < \text{Zins}_{FK_1} < \text{Zins}_{FK_4} < \text{Zins}_{FK_3}$$

Damit lässt sich ein Kapitalangebot in einem Zins-Kapital-Diagramm abtragen.

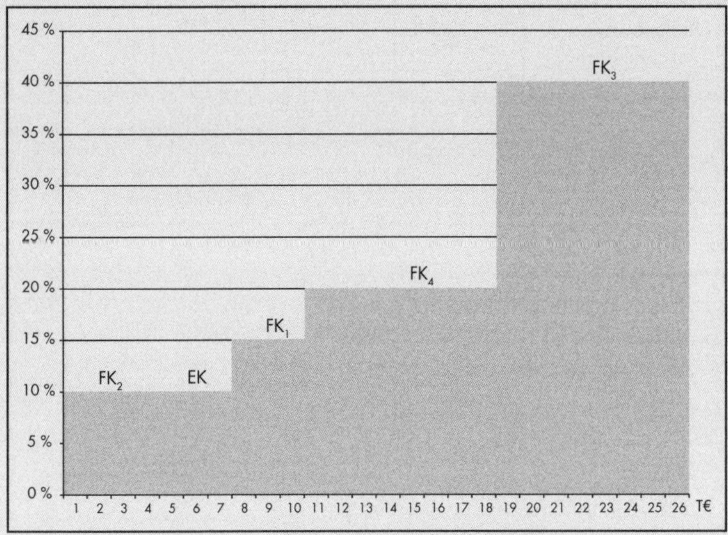

Abbildung 3: Finanzierungsalternativen im Dean-Modell

Da die Verzinsung bei den Investitionsobjekten nicht direkt gegeben ist, ist ein kleiner Kalkulationsaufwand notwendig, bevor diese nach ihrem internen Zinsfuß absteigend sortiert werden können. Da es sich jedoch um ein einperiodiges Modell handelt, hält sich dieser Aufwand in Grenzen. So ist lediglich der Überschuss eines jeden Investitionsobjektes auf den Betrag der ursprünglichen Auszahlung zu beziehen, um den internen Zinsfuß zu berechnen. Für das Investitionsobjekt IO_1 bedeutet das:

$$\text{Auszahlung in } t_0 + \text{Einzahlung in } t_1 = -4.000\ € + 4.800\ € = 800\ €$$

$$\text{Interner Zinsfuß}_{IO_1} = \frac{800\ €}{4.000\ €} = 0{,}2 \mathrel{\hat{=}} 20\ \%$$

Führt man diese Berechnung für alle Investitionsobjekte durch, so erhält man folgende Übersicht für die internen Zinsfüße der Investitionsobjekte:

	IO_1	IO_2	IO_3	IO_4
Auszahlungen t_0	–4.000 €	–6.000 €	–6.000 €	–10.000 €
Einzahlungen t_1	4.800 €	9.600 €	10.800 €	13.500 €
Überschuss	800 €	3.600 €	4.800 €	3.500 €
Überschuss/ |Auszahlung|	20%	60%	80%	35%

Tabelle 35: Investitionsobjekte im Dean-Modell

Das bedeutet in diesem Beispiel:

$$IZF_{IO_3} > IZF_{IO_2} > IZF_{IO_4} > IZF_{IO_1}$$

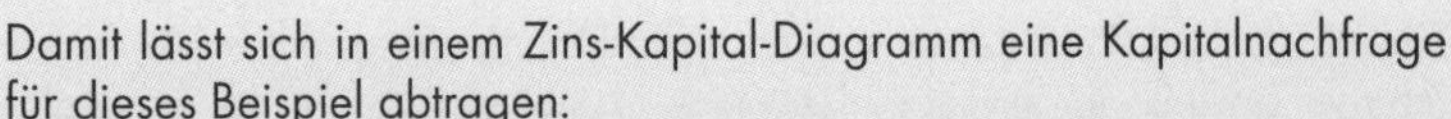
Damit lässt sich in einem Zins-Kapital-Diagramm eine Kapitalnachfrage für dieses Beispiel abtragen:

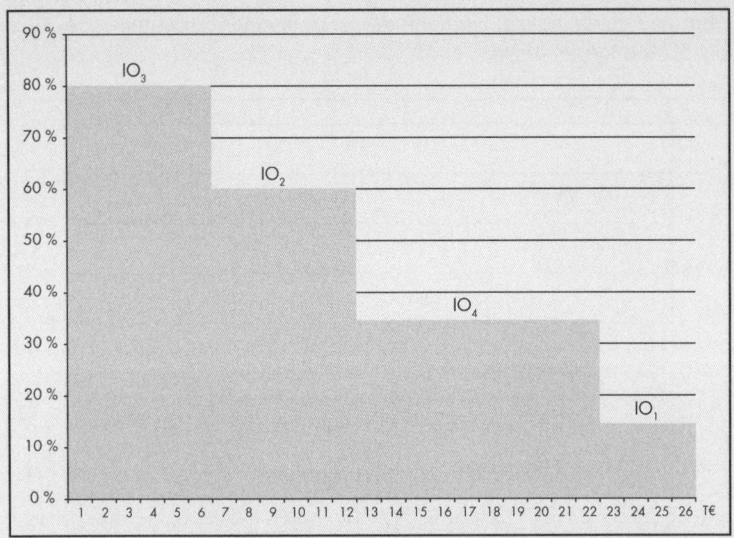

Abbildung 4: Investitionsalternativen im Dean-Modell

Führt man die Kapitalnachfrage und das Kapitalangebot grafisch zusammen, so ergibt sich folgende Darstellung mit einem eindeutigen Schnittpunkt zwischen Angebot und Nachfrage bei einem Zins von 35 % und einem dabei nachgefragten und angebotenen Kapital von 18.000 €. IO_3 und IO_2 werden dabei vollständig realisiert, IO_4 teilweise, IO_1 gar nicht. Zur Finanzierung werden FK_2, EK, FK_1 und FK_4 herangezogen. FK_3 wird nicht in Anspruch genommen.

Das im Gleichgewicht nachgefragte und angebotene Kapital wird auch als „Cut-off-Point„ bezeichnet, jenseits dessen mehr Kapital angeboten als nachgefragt wird. Der Gleichgewichtszins im Dean-Modell wird als „Cut-off-rate„ bezeichnet, unterhalb dessen der interne Zinsfuß der nach ihrer Rentabilität geordneten Investitionsobjekte nicht mehr ausreicht, um die Finanzierungskosten der dann noch zur Verfügung stehenden Finanzierungsalternativen zu erwirtschaften.

Leider ist die Eindeutigkeit der Lösung aus dem vorangegangenen Beispiel nicht immer gegeben. Wir wollen dafür unser Beispiel verändern. FK_4 stehe nur noch mit einem Kreditlimit von 2.000 € zur Verfügung. Ansonsten lassen wir das obige Beispiel unverändert. Grafisch ergibt sich dann folgende Lösung.

Für den Cut-off-Point, jenseits dessen die Finanzierung teurer ist als der interne Zinsfuß der Investitionsobjekte, ergibt sich auch hier eine eindeutige Lösung von 12.000 €. Die Cut-off-rate verliert in diesem Beispiel aber ihre Eindeutigkeit. Sie kann nur noch in einer Bandbreite von 20 % bis 60 % angegeben werden.

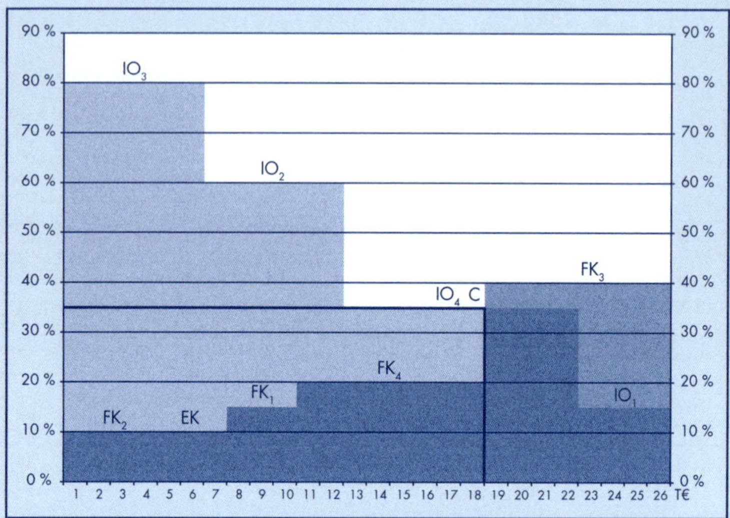

Abbildung 5: Dean-Modell mit eindeutiger Lösung

Ähnliches gilt, wenn FK_4 zum Ausgangsbeispiel unverändert bestehen bleibt, FK_3 aber komplett wegfällt. Der Cut-off-Point ist dann weiterhin eindeutig mit 18.000 € definiert, die Cut-off-rate kann aber nur in einer Bandbreite zwischen 20 und 35 % angegeben werden.

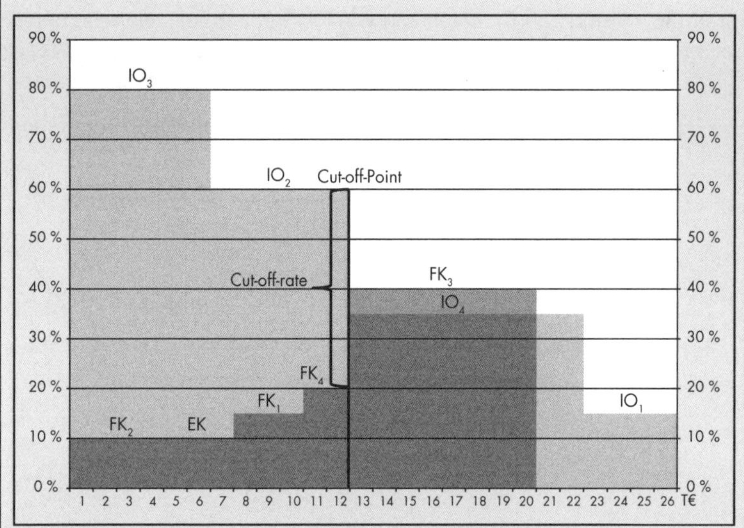

Abbildung 6: Dean-Modell mit Lösungs-Bandbreite (1)

Sind die Investitionsobjekte nicht teilbar, so ist ein wenig mehr Kalkulationsaufwand erforderlich. Um das zu erläutern, gehen wir zu unserem ursprünglichen Beispiel zurück, das zu einem Cut-off-Point bei 18.000 € und einer Cut-off-rate von 35% geführt hatte. Dabei wurde das IO_4 zu 60% realisiert, was nur bei einer beliebigen Teilbarkeit der Investitionsobjekte möglich ist. Ist IO_4 hingegen nicht teilbar, bleibt nur die Entscheidung, die Investition entweder voll umfänglich zu tätigen oder sie gar nicht durchzuführen. Da die Finanzierungsalternativen weiterhin als beliebig teilbar angesehen werden, ist folgendes Kalkül anzustellen:

- IO_4 rentiert mit einem IZF von 35%
- Für 60% des Investitionsvolumens steht eine Finanzierung zur Verfügung, die 20% an Zins kostet
- Für die verbleibenden 40% des Investitionsvolumens muss eine Finanzierung genutzt werden, die 40% kostet.

Damit ergibt sich folgende Überlegung hinsichtlich der Durchführung von IO_4:

$$\pi_{IO_4} = 0,6 * (0,35 - 0,2) + 0,4 * (0,35 - 0,4) = 0,6 * 0,15 - 0,4 * 0,05$$
$$= 0,09 - 0,02 = 0,07$$

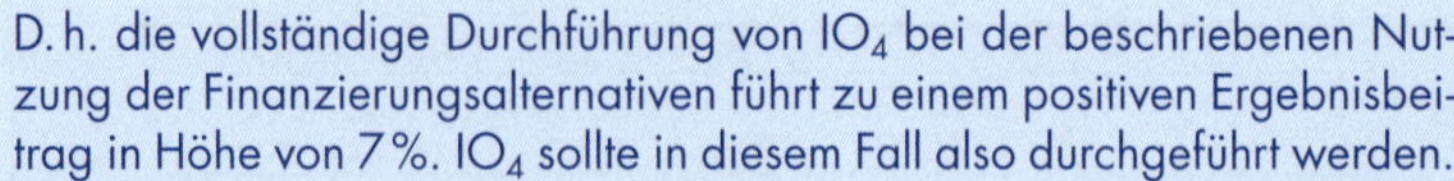

D. h. die vollständige Durchführung von IO_4 bei der beschriebenen Nutzung der Finanzierungsalternativen führt zu einem positiven Ergebnisbeitrag in Höhe von 7 %. IO_4 sollte in diesem Fall also durchgeführt werden.

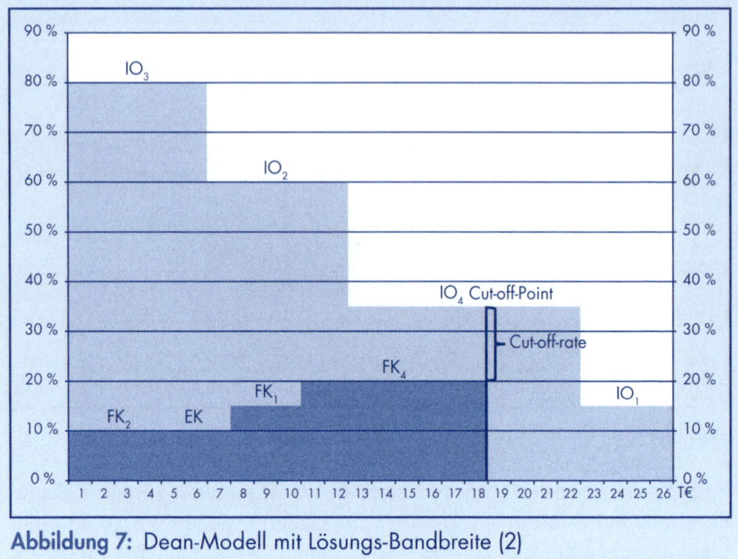

Abbildung 7: Dean-Modell mit Lösungs-Bandbreite (2)

Das Dean-Modell hat den Vorteil, dass es einfach und übersichtlich ist. Allerdings hat es auch einige Nachteile, die nicht übersehen werden dürfen:

- Das Dean-Modell macht nur in einer einperiodigen Betrachtung Sinn. Bei zwei Perioden ist nicht sichergestellt, dass Investitionsobjekte immer den gleichen internen Zinsfuß haben, bei längeren Betrachtungszeiträumen ist der interne Zinsfuß nicht mehr eindeutig ermittelbar.
- Die Grundannahme der Unabhängigkeit der Investitionsobjekte ist zumindest fraglich. Besteht allerdings eine Abhängigkeit in den Formen, die wir bei den Grundannahmen beschrieben haben, ist deren Zusammenfassung zu einem Investitionsobjekt möglich. Allerdings stellt sich dann die Frage, ob mit Vor- oder Folgeinvestitionen noch eine einperiodige Betrachtung möglich ist.
- Investitionsobjekte sind nur selten beliebig teilbar. Das gilt nicht nur für Sachinvestitionen, sondern auch für Finanzinvestitionen, die oftmals bestimmte Mindeststückelungen haben. Das ist zwar kein unlösbares Problem, wie wir gezeigt haben, aber letztendlich wird bei einer Unteilbarkeit der Investitionen das Ergebnis nicht durch den Schnittpunkt von Angebot und Nachfrage, sondern

durch die eventuelle Rentabilität oder eben die fehlende Rentabilität des „Grenz-Investitionsobjektes", also des Investitionsobjektes, das aufgrund seiner gesamten Rentabilität gerade noch oder gerade nicht mehr durchgeführt werden soll.

- Wir haben bereits darauf hingewiesen, dass es in der Realität zahlreiche Beispiele für Abhängigkeiten zwischen Investitionen und Finanzierungen gibt. Tatsächlich ist es in der Finanzwelt eher die Ausnahme, dass Finanzierungen ohne jede Zweckbindung vergeben werden. Mit entsprechenden Sicherheiten sind die Kapitalanbieter durchaus bereit, eine gewisse Variabilität bei der Mittelverwendung zu akzeptieren; in dem meisten Fällen werden die finanziellen Ressourcen jedoch zweckgebunden zur Verfügung gestellt.

3.6 Übungsaufgaben

Aufgabe 1

Sie haben ihr Studium erfolgreich abgeschlossen und haben einen festen Job gefunden. Sie machen sich bereits früh Gedanken über Ihre spätere Rente. Mit jetzt 25 Jahren und einem gesetzlichen Renteneintrittsalter von 67 planen Sie, jeden Monat 100 € anzusparen. Der einfacheren Verrechnung halber zahlen Sie den Sparbetrag einmal pro Jahr jeweils am Ende des Jahres. Leider ist in der aktuellen Situation kein Angebot zu finden, welches Ihnen mehr als 2 % Zinsen p. a. bietet.

a. Mit welcher Summe können Sie beim Renteneintritt rechnen, wenn Sie durchgehend die Zahlungen beibehalten und auch der Zins bei 2 % bleibt?
b. Welche einmalige Anlagesumme müssten Sie heute zu 2 % anlegen, um auf die gleiche Summe wie in a. zu kommen?

Musterlösung

a. Nachschüssige Rente, Formel:

$$V_T = \sum_{t=0}^{T} |AZ| * (1+r)^t = |AZ| * \frac{(1+r)^T - 1}{r}$$

$$V_T = 1.200 * \frac{(1+0{,}02)^{42} - 1}{0{,}02} = 77.834{,}67\ €$$

b. Einmalbetrag, Formel:

$$V_T = |AZ_0| * (1+r)^T$$

$$|AZ_0| = \frac{V_T}{(1+r)^T} = \frac{77.834{,}67\ €}{(1+0{,}02)^{42}} = 33.881{,}75\ €$$

Aufgabe 2

Sie sind als Finanzvorstand eines mittelständischen Produktionsunternehmens für die Investitionsplanung verantwortlich. Eine neue Fräsmaschine für 150.000 €, die voll fremdfinanziert wird, soll im laufenden Geschäftsjahr angeschafft werden, die in den kommenden drei Jahren für konstante Umsätze in Höhe von 80.000 € sorgen wird.

a. Ermitteln Sie den Vermögensendwert am Ende des dritten Nutzungsjahres bei einem Kontenausgleichsverbot und einem Kontenausgleichsgebot bei einem Sollzins i_S von 7 % und einem Habenzins i_H von 2 % und erläutern Sie die Ergebnisse.
b. Gehen Sie von einem Steuersatz von 25 % aus (auch auf Zinseinnahmen) und vergleichen Sie die beiden Verfahren erneut.

Musterlösung

a. Kontenausgleichsverbot

Sollkonto			
	Zugang	Zinsbetrag	Endstand Periode$_t$
t_0	–150.000 €	0 €	–150.000 €
t_1		–150.000 € * 7% = –10.500 €	–160.500 €
t_2		–160.500 € * 7% = –11.235 €	–171.735 €
t_3		–171.735 € * 7% = –12.021,45 €	–183.756,45 €

Habenkonto			
	Zugang	Zinsbetrag	Endstand $Periode_t$
t_0	0 €	0 €	0 €
t_1	80.000 €	0 €	80.000 €
t_2	80.000 €	80.000 € * 2% = 1.600 €	161.600 €
t_3	80.000 €	161.600 € * 2% = 3.232 €	244.832 €

$$V_E = -183.756{,}45\ € + 244.832\ € = 61.075{,}55\ €$$

Kontenausgleichsgebot

	$BAZÜ_t$; $BEZÜ_t$	**V_{t-1}**	**i_S; i_H**	**V_t**
t_0	-150.000 €			-150.000 €
t_1	80.000 €	-150.000 €	7%	-150.000 € * 1,07 + 80.000 € = -80.500 €
t_2	80.000 €	-80.500 €	7%	-80.500 € * 1,07 + 80.000 € = -6.135 €
t_3	80.000 €	-6.135 €	7%	-6.135 € * 1,07 +80.000 € = 73.435,55 €

$$V_E = 73.435{,}55\ €$$

Durch die Tilgung der Fremdfinanzierung werden Zinsen eingespart. Daher ergibt sich beim Kontoausgleichsverbot ein höherer Vermögensendwert.

b. mit Steuern
Kontoausgleichsverbot

	t_0	t_1	t_2	t_3
BAZÜ; BEZÜ	–150.000 €	80.000 €	80.000 €	80.000 €
Soll-zinsen		–10.500 €	–11.235 €	–12.021,45 €
Haben-zinsen			1.600 €	3.232 €
Gewinn		69.500 €	70.365 €	71.210,55 €
Steuern		–17.375 €	–17.591,25 €	–17.802,64 €
NEZÜ	–150.000 €	52.125 €	52.773,75 €	53.407,91 €

Kontoausgleichgebot

	t_0	t_1	t_2	t_3
BAZÜ; BEZÜ	–150.000 €	80.000 €	80.000 €	80.000 €
Soll-zinsen		–10.500 €	–5.635	–429,45 €
Haben-zinsen				
Gewinn		69.500 €	74.365 €	79.570,55 €
Steuern		–17.375	–18.591,25 €	–19.892,64 €
NEZÜ	–150.000 €	52.125 €	55.773,75 €	59.677,91 €

Der Vorzug für das Kontoausgleichsgebot bleibt in diesem Beispiel bestehen. Gründe dafür sind die kurze Betrachtungsdauer und die Gestaltung der Bruttoein- und -auszahlungsüberschüsse.

Aufgabe 3

Welche Summe müssen Sie heute anlegen, wenn Sie in 10 Jahren einen Betrag von 500.000 € zur Verfügung haben wollen und der Kapitalmarktzins 5 % beträgt?

Musterlösung

$$B_0 = \frac{500.000\ €}{(1+0{,}05)^{10}} = 306.956{,}63\ €$$

Aufgabe 4

Welche Summe müssen Sie heute anlegen, wenn Sie in 10 Jahren einen Betrag von 500.000 € zur Verfügung haben wollen und der Kapitalmarktzins in den ersten drei Jahren 2 %, vom vierten bis zum siebten Jahr 4 % und für die restlichen drei Jahre 6 % beträgt?

Musterlösung

$$B_0 = \frac{500.000\ €}{(1+0{,}02)^3 * (1+0{,}04)^4 * (1+0{,}06)^3} = 338.157{,}12\ €$$

Aufgabe 5

Ein Erbonkel hat sich entschieden, sein Vermächtnis zu Lebzeiten zu regeln und wird Ihnen in zwei Jahren einen Betrag von 50.000 €, in fünf Jahren einen Betrag von 100.000 € und in zehn Jahren einen Betrag von 250.000 € zukommen lassen.

a. Errechnen Sie den Barwert der zu erwartenden Zahlungen, wenn der Kapitalmarktzins 3 % beträgt.
b. Errechnen Sie den Barwert der zu erwartenden Zahlungen, wenn der Kapitalmarktzins in den nächsten beiden Jahren bei 3 %, dann drei Jahre lang 4 % und anschließend fünf Jahre lang 8 % beträgt.

Musterlösung

a. $$B_0 = \frac{50.000\ €}{(1+0{,}03)^2} + \frac{100.000\ €}{(1+0{,}03)^5} + \frac{250.000\ €}{(1+0{,}03)^{10}}$$

$$= 47.129{,}80\ € + 86.260{,}88\ € + 186.023{,}48\ € = 319.414{,}15\ €$$ [28]

[28] Rundungsdifferenz von 0,01 € wenn statt am Ende schon bei dem Ergebnis der einzelnen Brüche gerundet wird.

b. $B_0 = \frac{50.000€}{(1+0,03)^2} + \frac{100.000€}{(1+0,03)^2 * (1+0,04)^3} + \frac{250.000€}{(1+0,03)^2 * (1+0,04)^3 * (1+0,08)^5}$

$= 47.129,80€ + 83.796,43€ + 142.576,11€ = 273.502,34€$

Aufgabe 6

Für ein Produktionsunternehmen liegen folgende Daten zweier möglicher Investitionen in eine neue Produktionsanlage vor:

Relevante Daten	Anlage 1	Anlage 2
Anschaffungskosten	320.000 €	480.000 €
Nutzungsdauer	8 Jahre	8 Jahre
kalkulatorischer Zinssatz	10 %	10 %
sonstige Fixkosten	40.000 €	70.000 €
variable Stückkosten	14 €	12 €
Liquidationserlös	80.000 €	80.000 €
Produktionsmenge p. a.	20.000 Stück	20.000 Stück
Möglicher Absatzpreis	24 €	28 €

a. Wie fällt die Investitionsentscheidung zwischen den beiden Anlagen auf Basis der Rentabilitätsvergleichsrechnung aus?
b. Wie würde sich die Investitionsentscheidung verändern, wenn Anlage 2 variable Stückkosten von 13 € – bei sonst unverändertem Datenkranz – aufwiese?
c. Erläutern Sie die grundlegende Kritik der Durchschnittsbildung bei der Anwendung statischer Verfahren in der Investitionsrechnung.

Musterlösung

a. Der Ansatz für beide Anlagen ist grundsätzlich der gleiche, es ist der (kalkulatorische) Gewinn zu ermitteln:

$$\pi_i = \text{Erlös} - \text{Kosten}$$

$$= \text{Preis}_i * \text{Menge}_i - K_i^{fix} - K_i^{var} - \text{AfA}_i^{kalkulatorisch} - \text{Zins}_i^{kalkulatorisch}$$

Zu beachten ist, dass sich die variablen Kosten aus dem Produkt der variablen Stückkosten mit der Produktionsmenge ergeben, bei der kalkulatorischen Abschreibung der Liquidationserlös zu berücksichtigen ist[29] und der kalkulatorische Zins auf das durchschnittlich gebundene Kapital zu beziehen ist.

$$\pi_1 = 24\ € * 20.000$$

$$-40.000€ - 14€ * 20.000 - \frac{320.000€ - 80.000€}{8} - 0{,}1 * \frac{320.000€ + 80.000€}{2}$$

$$= 480.000€ - 40.000€ - 280.000€ - 30.000€ - 20.000€ = 110.000€$$

$$\pi_2 = 28\ € * 20.000$$

$$-70.000€ - 12€ * 20.000 - \frac{480.000€ - 80.000€}{8} - 0{,}1 * \frac{480.000€ + 80.000€}{2}$$

$$= 560.000€ - 70.000€ - 240.000€ - 50.000€ - 28.000€ = 172.000€$$

Würde man eine Gewinnvergleichsrechnung durchführen, so würden die errechneten Gewinne klar für Anlage 2 sprechen. Da aber die Frage die nach der Rentabilität war, sind die Gewinne um die kalkulatorischen Zinsen zu bereinigen, um zu einem Gewinn vor Zinsen zu kommen, der dann auf das durchschnittlich gebundene Kapital (in diesem Beispiel Anschaffungskosten abzüglich Restwert bzw. Liquidationserlös) bezogen wird. Die Zinsen haben wir bei der Gewinnberechnung mit dem Formelteil:

$$\text{Zinsen}_i^{\text{kalkulatorisch}} = r_i^{\text{kalkulatorisch}} * \text{durchschnittlich gebundenes Kapital}$$

berücksichtigt. Damit ergeben sich die Rentabilitäten der beiden Anlagen formal als:

$$r_i = \frac{\pi_i + \text{Zinsen}_i^{\text{kalkulatorisch}}}{\text{Ø Kapitaleinsatz}_i}$$

$$r_1 = \frac{110.000\ € + 20.000\ €}{200.000\ €} = 0{,}65 = 65\,\%$$

[29] Wenn in der Aufgabenstellung auch ein Wiederbeschaffungswert angegeben wäre, so wäre dieser zur weiteren Berechnung der kalkulatorischen Abschreibungen zu nutzen. Da aber nur die Anschaffungskosten verfügbar sind, soll die Schätzungenauigkeit, die mit der Prognose eines Wiederbeschaffungswertes immer einher geht, vermieden werden. Dann wird auf die Anschaffungskosten zurückgegriffen.

$$r_2 = \frac{172.000\ € + 28.000\ €}{280.000\ €} = 0{,}71 = 71\%$$

Das Ergebnis der Gewinnvergleichsrechnung würde mit diesem Datenkranz in der Rentabilitätsvergleichsrechnung bestätigt.

b. Der Gewinn und die Rentabilität der Anlage 1 bleiben unverändert.
Für Anlage 2 ergibt sich dann:

$$\pi_2 = 28\ € * 20.000$$

$$-70.000\,€ - 13\,€ * 20.000 - \frac{480.000\,€ - 80.000\,€}{8} - 0{,}1 * \frac{480.000\,€ + 80.000\,€}{2}$$

$$= 560.000\,€ - 70.000\,€ - 260.000\,€ - 50.000\,€ - 28.000\,€ = 152.000\,€$$

$$r_2 = \frac{152.000\ € + 28.000\ €}{280.000\ €} = 0{,}643 = 64{,}3\ \%$$

Damit würde bei diesem veränderten Datenkranz auf Basis der Gewinnvergleichsrechnung weiterhin Anlage 2 empfohlen, während die Rentabilitätsvergleichsrechnung Anlage 1 den Vorzug geben würde.

c. Die Durchschnittsbildung bei den statischen Verfahren vernachlässigt mögliche unterschiedliche Gewinnverteilungen über die Nutzungsdauer. Im Extremfall kann das zu falschen Empfehlungen führen.

Beispiel:

Periode	t_0	t_1	t_2	t_3	t_4
π_1	30.000 €	30.000 €	30.000 €	30.000 €	30.000 €
π_2	10.000 €	50.000 €	80.000 €	60.000 €	-50.000 €

Der durchschnittliche Gewinn beträgt in beiden Fällen:

$$\pi_{\varnothing} = \frac{150.000\ €}{5} = 30.000\ €$$

Mit der Verwendung der Durchschnittsgröße ohne Berücksichtigung der detaillierten Verteilung der Gewinne über die Perioden geht die Information verloren, dass die zweite Investition besser schon nach der dritten Periode beendet werden sollte, um den Verlust von 50.000 € in der vierten Periode zu vermeiden.

Aufgabe 7
Einem Produktionsunternehmen wird eine Maschine angeboten, deren technische maximale Nutzungsdauer bei drei Jahren liegt. Die Nutzung der Maschine führt zu folgendem Einzahlungsmuster in den Folgejahren:

	t_1	t_2	t_3
Umsätze in t	500.000 €	600.000 €	300.000 €

Das Unternehmen kann die Maschine für 600.000 € kaufen, dann kämen auf das Unternehmen Ausgaben für Wartung und Reparatur nach folgendem Muster zu:

	t_1	t_2	t_3
Reparatur & Wartung	0 €	–100.000 €	–500.000 €

Nach der Nutzungsdauer von drei Jahren kann die Maschine für 150.000 € verkauft werden. Alternativ dazu kann das Unternehmen die Maschine auch für 450.000 € im Jahr mieten. In diesem Falle würde der Vermieter sämtliche Reparatur- und Wartungskosten tragen. Ermitteln Sie, ob der Kauf oder die Miete für das Unternehmen bei einer dreijährigen Nutzungsdauer und bei einem Kapitalzinsfuß von 10 % vorteilhafter ist.

Musterlösung

Kauf	t_0	t_1	t_2	t_3
BAZÜ	–600.000 €			
Umsätze in t ($BEZÜ_t$)		500.000 €	600.000 €	300.000 €
Reparatur & Wartung			–100.000 €	–500.000 €
Restwert				150.000 €
Zahlungsreihe	–600.000 €	500.000 €	500.000 €	–50.000 €

$$K_0^{Kauf} = -600.000\ € + \frac{500.000\ €}{1,1} + \frac{500.000\ €}{1,21} + \frac{-50.000\ €}{1,331}$$
$$= 230.202,86\ €$$

Miete	t_0	t_1	t_2	t_3
Mietzahlung		–450.000 €	–450.000 €	–450.000 €
Umsätze in t		500.000 €	600.000 €	300.000 €
Zahlungsreihe	0 €	50.000 €	150.000 €	–150.000 €

$$K_0^{Miete} = \frac{50.000\ €}{1,1} + \frac{150.000\ €}{1,21} + \frac{-150.000\ €}{1,331} = 56.724,27\ €$$

$K_0^{Kauf} > K_0^{Miete}$, daher sollte die Maschine gekauft werden.

Aufgabe 8

Einem Produktionsunternehmen wird eine Maschine angeboten, deren technische maximale Nutzungsdauer bei drei Jahren liegt. Die Nutzung der Maschine führt zu folgendem Einzahlungsmuster in den Folgejahren:

	t_1	t_2	t_3
Umsätze in t	500.000 €	600.000 €	300.000 €

Das Unternehmen kann die Maschine für 600.000 € kaufen (zu 100 % Eigenkapital-finanziert), dann kämen auf das Unternehmen Ausgaben für Wartung und Reparatur nach folgendem Muster zu:

	t_1	t_2	t_3
Reparatur & Wartung	0	–100.000 €	–500.000 €

Die Anschaffungskosten werden linear über die drei Nutzungsjahre abgeschrieben; der Steuersatz betrage 50 %, der Kapitalzinsfuß liege bei 10 %. Bei einem Verkauf der Maschine am Ende der jeweiligen Periode lassen sich folgende Restwerte realisieren:

	t_1	t_2	t_3
Restwert (am Ende von t)	300.000 €	200.000 €	150.000 €

a. Ermitteln Sie die optimale Nutzungsdauer der Maschine.
b. Nun stehe die Überlegung an, die Investition in die Maschine nicht einmalig, sondern mit einer einmaligen, exakt gleichen Ersatzbeschaffung durchzuführen. Begründen Sie verbal, warum und in welche Richtung die Nutzungsdauer der zuerst eingesetzten Maschine von dem Ergebnis in b. abweichen wird. Erläutern Sie, welche Probleme sich in der Praxis bei einer solchen Überlegung ergeben.

Musterlösung

a. Optimale Nutzungsdauer

Der Kapitalzinsfuß ist um den Steuersatz von 50 % zu korrigieren:

$$KZF^{korrigiert} = 10\ \% * (1 - 50\ \%) = 0{,}1 * 0{,}5 = 0{,}05 = 5\ \%$$

Abschreibungen: |AfA| = 600.000 €/3a = 200.000 €/a

Betrieb für eine Periode	t_0	t_1
Bruttozahlungsreihe (BAZÜ, $BEZÜ_t$)	–600.000 €	500.000 €
AfA		–200.000 €
Buchwert BW		400.000 €
Restwert RW		300.000 €
RW-BW		–100.000 €
Gewinn ($BEZÜ_t$ + AfA + RW – BW)		200.000 €
Steuern		–100.000 €
Bruttozahlungsreihe	–600.000 €	500.000 €
Steuern		–100.000 €
Restwert		300.000 €
Nettozahlungsreihe ($NEZÜ_t$)	–600.000 €	700.000 €

$$K_0^{(1)} = -600.000\ € + \frac{700.000\ €}{1{,}05} = 66.666{,}67\ €$$

Betrieb für zwei Perioden	t_0	t_1	t_2
Bruttozahlungsreihe (BAZÜ, $BEZÜ_t$)	–600.000 €	500.000 €	500.000 €
AfA		–200.000 €	–200.000 €
Buchwert BW			200.000 €
Restwert RW			200.000 €
RW-BW			0 €
Gewinn ($BEZÜ_t$ + AfA + RW – BW)		300.000 €	300.000 €
Steuern		–150.000 €	–150.000 €
Bruttozahlungsreihe	–600.000 €	500.000 €	500.000 €
Steuern		–150.000 €	–150.000 €
Restwert			200.000 €
Nettozahlungsreihe ($NEZÜ_t$)		350.000 €	550.000 €

$$K_0^{(2)} = -600.000\ € + \frac{350.000\ €}{1{,}05} + \frac{550.000\ €}{1{,}1025} = 232.199{,}55\ €$$

Betrieb für drei Perioden	t_0	t_1	t_2	t_3
Bruttozahlungsreihe (BAZÜ, $BEZÜ_t$)	–600.000 €	500.000 €	500.000 €	–200.000 €
AfA		–200.000 €	–200.000 €	–200.000 €
Buchwert BW_t				0 €
Restwert RW_t				150.000 €
RW-BW				150.000 €
Gewinn ($BEZÜ_t$ + AfA + RW_t – BW_t)		300.000 €	300.000 €	–250.000 €
Steuern		–150.000 €	–150.000 €	125.000 €
Bruttozahlungsreihe	–600.000 €	500.000 €	500.000 €	–200.000 €

Betrieb für drei Perioden	t_0	t_1	t_2	t_3
Steuern		−150.000 €	−150.000 €	125.000 €
Restwert			€	150.000 €
Nettozahlungsreihe ($NEZÜ_t$)		350.000 €	350.000 €	75.000 €

$$K_0^{(3)} = -600.000\text{ €} + \frac{350.000\text{ €}}{1{,}05} + \frac{350.000\text{ €}}{1{,}1025} + \frac{75.000\text{ €}}{1{,}157625}$$
$$= 115.581{,}47\text{ €}$$

Optimale Nutzungsdauer: 2 Perioden, da dann der Kapitalwert maximiert wird.

b. Die Nutzungsdauer verringert sich tendenziell, weil mit der ersten Maschine nicht nur der Anschaffungspreis der ersten Investition, sondern auch die Verzinsung des Kapitalwertes der Ersatzinvestition erwirtschaftet werden muss.
Probleme ergeben sich daraus, dass eine exakt gleiche Ersatzinvestition meist schon aus technischen Gründen (Innovation) nicht möglich oder gar nicht sinnvoll ist. Zudem ist es fraglich, ob nach der Nutzung der ersten Investition Umsätze in gleicher Höhe erwirtschaftet werden können, denn typischerweise ändern sich die Verbraucherpräferenzen mit der Zeit.

Aufgabe 9

Eine Spedition plant die Neuanschaffung eines Lkw zum Einsatz im Ferntransport. Der Anschaffungspreis der Zugmaschine liegt bei 150.000 €, der des Anhängers bei 90.000 €. Die fixen Kosten liegen bei 35.000 € pro Jahr, die variablen Kosten liegen bei 50 € je 100 km. Pro Jahr wird mit einer durchschnittlichen Lkw-Laufleistung von 150.000 km gerechnet. Die Umsatzplanung geht von 210.000 € p.a. über die gesamte Nutzungsdauer aus.

a. Wie lange muss der Lkw bei einem jährlichen Wertverlust von 60.000 € mindestens genutzt werden, um einen positiven Kapitalwert zu erzielen? Der von der Spedition verwendete Kapitalzinsfuß liege bei 20 %. Lohnt sich ein Einsatz über die errechnete Mindestnutzungsdauer hinaus?
b. Gehen Sie von einer linearen Abschreibung des Lkw über vier Jahre aus. Der Steuersatz der Spedition liege bei 40 %. Wie stellt sich die Kalkulation aus a. (alle obigen Angaben zu Umsätzen, Kosten und Wertverlust behalten Gültigkeit) nun dar? Bleiben die Empfehlungen zur Nutzungsdauer bestehen?

Musterlösung

a. Basiskalkulation

	t_0	t_1	t_2	t_3	t_4
BAZÜ	-240.000 €				
Umsatz		210.000 €	210.000 €	210.000 €	210.000 €
fixe Kosten		35.000 €	35.000 €	35.000 €	35.000 €
variable Kosten		-75.000 €	-75.000 €	-75.000 €	-75.000 €
$BEZÜ_t$		100.000 €	100.000 €	100.000 €	100.000 €
Restwert RW_t		180.000 €	120.000 €	60.000 €	0 €

$$K_{0(1)} = -240.000\text{ €} + \frac{100.000\text{ €} + 180.000\text{ €}}{1{,}2} = -6.666{,}67\text{ €}$$

$$K_{0(2)} = -240.000\text{ €} + \frac{100.000\text{ €}}{1{,}2} + \frac{100.000\text{ €} + 120.000\text{ €}}{1{,}44} = -3.888{,}89\text{ €}$$

$$K_{0(3)} = -240.000\text{€} + \frac{100.000\text{€}}{1{,}2} + \frac{100.000\text{€}}{1{,}44} + \frac{100.000\text{€} + 60.000\text{€}}{1{,}728} = 5.370{,}37\text{€}$$

$$K_{0(4)} = -240.000\text{€} + \frac{100.000\text{€}}{1{,}2} + \frac{100.000\text{€}}{1{,}44} + \frac{100.000\text{€}}{1{,}728} + \frac{100.000\text{€}}{2{,}0736} = 18.873{,}46\text{€}$$

Mindestnutzung 3 Jahre; Nutzung darüber hinaus lohnt sich, da der Kapitalwert steigt.

b. Berücksichtigung von AfA und Steuern

Der Kapitalzinsfuß ist um den Steuersatz von 40 % zu korrigieren:

$$KZF^{\text{korrigiert}} = 20\ \% * (1 - 40\ \%) = 0{,}2 * 0{,}6 = 0{,}12 = 12\ \%$$

	t_0	t_1	t_2	t_3	t_4
BAZÜ; $BEZÜ_t$	-240.000 €	100.000 €	100.000 €	100.000 €	100.000 €
AfA		-60.000 €	-60.000 €	-60.000 €	-60.000 €
Buchwert BW_t		180.000 €	120.000 €	60.000 €	0 €

	t_0	t_1	t_2	t_3	t_4
Restwert RW_t		180.000 €	120.000 €	60.000 €	0 €
$RW_t - BW_t$		0 €	0 €	0 €	0 €
Gewinn		40.000 €	40.000 €	40.000 €	40.000 €
Steuern		–16.000 €	–16.000 €	–16.000 €	–16.000 €
BAZÜ; $BEZÜ_t$	–240.000 €	100.000 €	100.000 €	100.000 €	100.000 €
Steuern		–16.000 €	–16.000 €	–16.000 €	–16.000 €
RW_t		180.000 €	120.000 €	60.000 €	0 €
$NEZÜ_{t\ \text{ohne Verkauf}}$	–240.000 €	84.000 €	84.000 €	84.000 €	84.000 €
$NEZÜ_{t\ \text{mit Verkauf}}$	–240.000 €	264.000 €	204.000 €	144.000 €	84.000 €

Kapitalwerte mit Steuern bei Veräußerung in t_i

$$K_{0(1)} = -240.000\ € + \frac{264.000\ €}{1{,}12} = -4.285{,}71\ €$$

$$K_{0(2)} = -240.000\ € + \frac{84.000\ €}{1{,}12} + \frac{204.000\ €}{1{,}2544} = -2.372{,}45\ €$$

$$K_{0(3)} = -240.000\ € + \frac{84.000\ €}{1{,}12} + \frac{84.000\ €}{1{,}2544} + \frac{144.000\ €}{1{,}404928}$$
$$= 4.460.64\ €$$

$$K_{0(4)} = -240.000\,€ + \frac{84.000\,€}{1{,}12} + \frac{84.000\,€}{1{,}2544} + \frac{84.000\,€}{1{,}404928} + \frac{84.000\,€}{1{,}5735936}$$
$$= 15.137{,}35\,€$$

Die Empfehlungen zur Nutzungsdauer bleiben bestehen.

Aufgabe 10

Ein Unternehmer hat die Möglichkeit, Investitionsobjekte mit folgenden Ein- und Auszahlungen durchzuführen:

	IO_1	IO_2	IO_3	IO_4
Auszahlungen t_0	–4.000 €	–6.000 €	–6.000 €	–10.000 €
Einzahlungen t_1	4.600 €	12.000 €	9.000 €	12.000 €

Dem Unternehmer stehen folgende Kreditmöglichkeiten zur Verfügung:

	FK_1	FK_2	FK_3	FK_4
Kreditlimit	3.000 €	4.000 €	8.000 €	8.000 €
Kreditzins	15%	10%	40%	25%

Gehen Sie von einer Unabhängigkeit zwischen den Investitionen und den Krediten aus und unterstellen Sie eine beliebige Teilbarkeit der Investitionsobjekte.

a. Ermitteln Sie grafisch die cut-off-rate, den cut- off-point und damit die durchzuführenden Investitionsobjekte.
b. Wie ändert sich das Ergebnis, wenn die Investitionsobjekte unteilbar sind?

Musterlösung

a. Grafische Lösung:

Ermittlung des internen Zinsfußes der IO

	IO_1	IO_2	IO_3	IO_4
Auszahlungen t_0	–4.000 €	–6.000 €	–6.000 €	–10.000 €
Einzahlungen t_1	4.600 €	12.000 €	9.000 €	12.000 €
$E_{t1} + A_{t0}$	600 €	6.000 €	3.000 €	2.000 €
$(E_{t1} + A_{t0})/A_{t0}$	15%	100%	50%	20%
Rangfolge	IV	I	II	III

Ordnung der Kreditmöglichkeiten

	FK_1	FK_2	FK_3	FK_4
Kreditzins	15%	10%	40%	25%
Rangfolge	II	I	IV	III

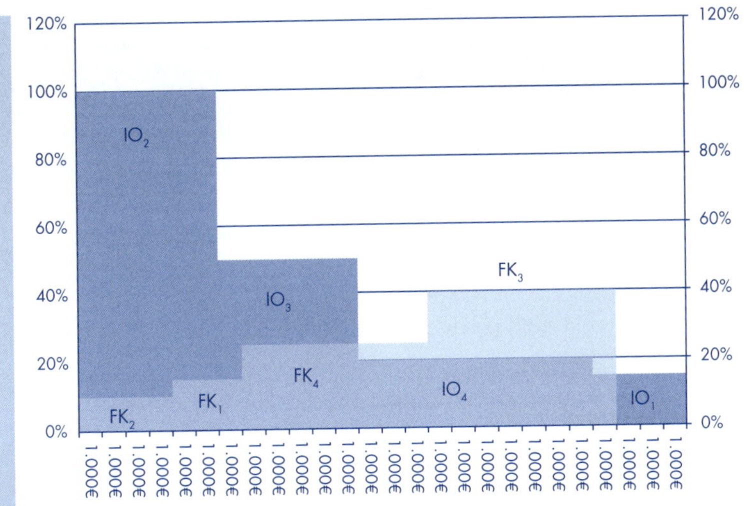

Cut-off-rate: 25 %

Cut-off-point: 12.000 €

b. Nicht teilbare Investitionsobjekte
Keine Änderung. Investitionsobjekte 2 und 3 werden auf jeden Fall durchgeführt, 1 und 4 nicht.

Aufgabe 11
In einem Handwerksbetrieb steht die Entscheidung für ein neues Werkstattfahrzeug an. Der Meister und Betriebsinhaber Röhrig hat sich im Hinblick auf zwei verschiedene Modelle informiert und hat nun kostenseitig folgende Grunddaten:

	Runner	Loader
Anschaffungskosten	20.000 €	30.000 €
Kfz-Steuer p. a.	350 €	400 €
Versicherung p. a.	800 €	900 €
Spritkosten/100 km	11,70 €	6,50 €
Sonstige Kosten/100 km	6,00 €	4,00 €

Beide Fahrzeuge sollen vier Jahre genutzt werden. Da sie viel auf Baustellen eingesetzt werden sollen, geht der Handwerksmeister Röhrig nicht davon aus, am Ende der Nutzungsdauer noch einen positiven Restwert bei einem Verkauf zu erzielen.

Durch die aktuell etwas maue Geschäftslage ist noch nicht klar, welche Kilometerleistung die Fahrzeuge während ihrer Nutzung erbringen müssen. Daher führt Röhrig eine Kostenvergleichsrechnung mit einer Laufleistung von durchschnittlich 20.000 km p.a. sowie eine zweite mit einer durchschnittlichen Laufleistung von 40.000 km durch.

a. Zu welchen Entscheidungen führen die beiden Kostenvergleichsrechnungen?
b. Bei welcher Laufleistung würde der Kostenvergleich für beide Fahrzeug-Modelle gleich ausfallen? Stellen Sie die Lösung auch grafisch dar.

Musterlösung

a. Die kalkulatorischen Abschreibungen errechnen sich in diesem Beispiel ohne Restwert und ohne weitere Information über Wiederbeschaffungskosten als AK/n:

$$D_{\text{Runner}} = \frac{20.000\ €}{4\ \text{Jahre}} = 5.000\ €\ \text{p.a.} \quad D_{\text{Loader}} = \frac{30.000\ €}{4\ \text{Jahre}} = 7.500\ €\ \text{p.a.}$$

Die Sprit- und sonstigen variablen Kosten ergeben sich bei den zwei zu betrachtenden Laufleistungen als:

$$k_{20.000\ \text{km}}^{\text{Runner}} = \frac{11,70\ € + 6,00\ €}{100\ \text{km}} * 20.000\ \text{km} = 3.540\ €$$

$$k_{40.000\ \text{km}}^{\text{Runner}} = \frac{11,70\ € + 6,00\ €}{100\ \text{km}} * 40.000\ \text{km} = 7.080\ €$$

$$k_{20.000\ \text{km}}^{\text{Loader}} = \frac{6,50\ € + 4,00\ €}{100\ \text{km}} * 20.000\ \text{km} = 2.100\ €$$

$$k_{40.000\ \text{km}}^{\text{Loader}} = \frac{6,50\ € + 4,00\ €}{100\ \text{km}} * 40.000\ \text{km} = 4.200\ €$$

Somit sind alle Kostengrößen als durchschnittliche Periodengröße vorhanden, so dass die entsprechenden Kosten bei den unterschiedlichen Laufleistungen lediglich zu summieren sind:

	Runner		**Loader**	
Kalk. Abschreibungen	5.000 €		7.500 €	
Kfz-Steuer p. a.	350 €		400 €	
Versicherung p. a.	800 €		900 €	
Laufleistung	20.000 km	40.000 km	20.000 km	40.000 km
Variable Kosten	3.540 €	7.080 €	2.100 €	4.200 €
Ø Gesamtkosten p. a.	9.690 €	13.230 €	10.900 €	13.000 €

Bei einer Laufleistung von 20.000 km p. a. wäre demnach das Modell Runner günstiger, während bei einer Laufleistung von 40.000 km p. a. das Modell Loader niedrigere durchschnittliche Gesamtkosten aufweist.

b.

Um die Laufleistung x zu bestimmen, bei der die Kosten der beiden Modelle gleich sind, sind die Kostenfunktionen gleich zu setzen. Kalkulatorische Abschreibungen, Kfz-Steuer und Versicherung p. a. sind dabei als Fixkosten, die Sprit- und sonstigen Kosten als variable Kosten zu betrachten:

$$(5.000\,€ + 350\,€ + 800\,€) + (11{,}70\,€ + 6{,}00\,€) * x$$

$$= (7.500\,€ + 400\,€ + 900\,€) + (6{,}50\,€ + 4{,}00\,€) * x$$

bzw.

$$6.150\,€ + 17{,}70\,€ * x = 8.800\,€ + 10{,}50\,€ * x$$

Löst man diese Gleichung nach x auf, so erhält man die gesuchte Laufleistung von 36.805 km, bei der sich die beiden Kostenfunktionen schneiden:[30]

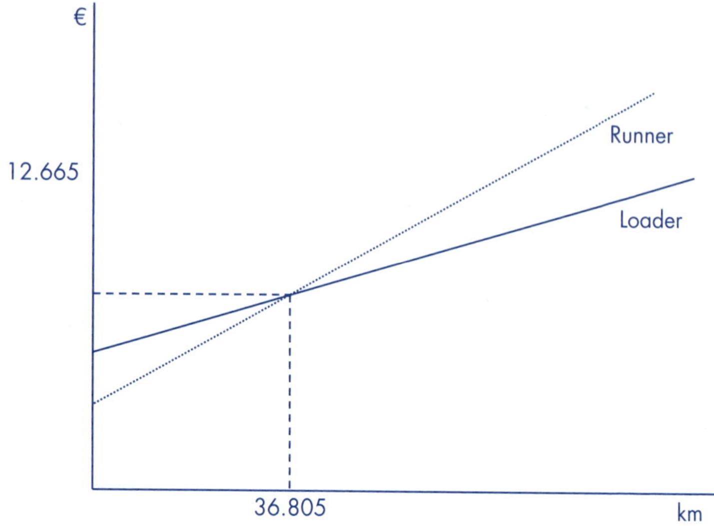

Aufgabe 12
Zwei Produktionsmaschinen sollen im Rahmen einer Investitionsentscheidung miteinander verglichen werden.

	Maschine A	Maschine B
Anschaffungskosten	400.000 €	600.000 €
Aufbau und Anschluss der Maschinen	100.000 €	100.000 €
Schulungskosten	15.000 €	10.000 €
Nettoumsatz p. a.	950.000 €	1.100.000 €
Laufender Aufwand p. a.	800.000 €	850.000 €
Nutzungsdauer	8 Jahre	10 Jahre
Liquidationserlös am Ende der Nutzungsdauer	35.000 €	0 €
Kalkulatorischer Zinssatz	10%	

[30] Der Faktor x ist als Kosten je 100 km definiert, weswegen sich die Laufleistung als x * 100 = 368,055 km * 100 errechnet.

a. Welche Investitionsentscheidung wäre auf Basis des Gewinnvergleichs zu treffen?
b. Vergleichen Sie die Rentabilität der beiden Maschinen.
c. Berechnen Sie die statische Amortisationsdauer.
d. Welche Entscheidung treffen Sie anhand der Kapitalwertmethode?

Musterlösung

a.

	Maschine A	Maschine B
Anschaffungskosten	400.000 €	600.000 €
Aufbau und Anschluss der Maschinen	100.000 €	100.000 €
Schulungskosten	15.000 €	10.000 €
Gesamte Investitionskosten	515.000 €	710.000 €
Kalkulatorische Abschreibungen $\left(\frac{\text{Investitionskosten} - \text{Restwert}}{\text{Nutzungsdauer}}\right)$	60.000 €	71.000 €
Kalkulatorische Zinsen $\left(\frac{\text{Investitionskosten} + \text{Restwert}}{2} * \text{Zinssatz}\right)$	27.500 €	35.500 €

Mit dieser Vorkalkulation können wir nun den durchschnittlichen Gewinn der beiden Maschinen berechnen:

	Maschine A	Maschine B
Nettoumsatz p. a.	950.000 €	1.100.000 €
Laufender Aufwand p. a.	800.000 €	850.000 €
Kalkulatorische Abschreibungen	60.000 €	71.000 €
Kalkulatorische Zinsen	27.500 €	35.500 €
Gewinn	62.500 €	143.500

Damit ist Maschine B in der Gewinnvergleichsrechnung Maschine A vorzuziehen.

b.

Die Rentabilität oder auch Return on Investment (ROI) der Investitionen ergibt sich nach der Formel:

$$\text{Rentabilität}(\text{in }\%) = \frac{\text{Gewinn vor Zinsen}}{\text{Ø gebundenes Kapital}} * 100$$

$$\text{Rentabilität}_{\text{Maschine A}}(\text{in }\%) = \frac{62.500\ € + 27.500\ €}{\left(\frac{515.000\ € + 35.000\ €}{2}\right)} * 100$$

$$= \frac{90.000\ €}{275.000\ €} * 100 = 32,7\ \%$$

$$\text{Rentabilität}_{\text{Maschine B}}(\text{in }\%) = \frac{143.500\ € + 35.500\ €}{\left(\frac{710.000\ €}{2}\right)} * 100$$

$$= \frac{179.000\ €}{355.000\ €} * 100 = 50,4\ \%$$

Damit ist auch im Rentabilitätsvergleich Maschine B vorzuziehen.

c.

Die Amortisationsdauer errechnet sich als Quotient aus dem ursprünglichen Kapitaleinsatz und dem durchschnittlichen Rückfluss (Cashflow), d. h. der unter a. für jede Maschine ermittelte Gewinn ist um die kalkulatorischen Abschreibungen und kalkulatorischen Zinsen zu korrigieren bzw. der zahlungswirksame laufende Aufwand ist direkt vom Nettoumsatz zu subtrahieren. Damit gibt sich folgendes Bild:

	Maschine A	**Maschine B**
Gesamte Investitionskosten	515.000 €	710.000 €
Nettoumsatz p. a.	950.000 €	1.100.000 €
Laufender Aufwand p. a.	800.000 €	850.000 €
Ø Cashflow p. a.	150.000 €	250.000 €
Amortisationsdauer (Investitionskosten/Cashflow)	3,4 Jahre	2,8 Jahre

d.

Ausgangspunkt der Kapitalwertmethode sind die Cashflows. Da wir nach wie vor mit gleich bleibenden Durchschnittsgrößen rechnen, können wir für die beiden Maschinen und ihre Laufzeiten den Rentenbarwertfaktor[31] verwenden.

	Maschine A	**Maschine B**
Ø Cashflow p. a.	150.000 €	250.000 €
Rentenbarwertfaktor	5,334926198	6,144567106
Barwert der Cashflows	800.239 €	1.536.142 €
Barwert des Liquidationserlöses	16.328 €	0 €
Gesamte Investitionskosten	515.000 €	710.000 €
Kapitalwert (Barwerte – Investitionskosten)	301.567 €	826.142 €

Damit wird auch bei der Kapitalwertmethode der Maschine B der Vorzug gegeben.

31 $$RBF = \frac{(1+r)^T - 1}{(1+r)^T * r}$$

4 Investitionen bei unsicheren Erwartungen – die harte Realität

Lernziele

Dieses Kapitel hat zum Ziel, dass Sie

- Unsicherheit und Risiko voneinander abgrenzen können,
- subjektive und objektive Wahrscheinlichkeiten unterscheiden können,
- Korrekturverfahren beurteilen können,
- statistische Größen wie den Erwartungswert, die Varianz und die Standardabweichung einer Investition ermitteln können,
- das Konzept der Risikostreuung und der damit verbundenen möglichen Risikominimierung sowie
- das Capital Asset Pricing-Modell verstanden haben und anwenden können.

4.1 Unsicherheit

Bisher sind wir von sicheren Erwartungen ausgegangen. Diese Annahme entspricht aber nur in den seltensten Fällen der Realität. Im wahren Leben sind nahezu alle wirtschaftlichen Entscheidungen von einer mehr oder weniger großen Unsicherheit geprägt. Wirkt die geplante Marketingkampagne im gewünschten Umfang auf den Umsatz für meine Produkte? Bin ich auf Dauer der Einzige, der mit einem neuen Produkt am Markt ist oder mit einer exklusiven Technologie produzieren kann? Oder muss ich damit rechnen, dass die Konkurrenz eben nicht schläft, sondern mir nachzieht oder mich gar überholt?

4.1.1 Was ist Risiko?

Allgemein wird Risiko als eine Eventualität definiert, dass ein gewisser Umweltzustand mit einer Wahrscheinlichkeit, die vorab bekannt sein kann oder unbekannt ist, eintritt. Die Unsicherheit darüber wird unterschieden in Unsicherheit i. e. S. (auch: Unsicherheit), bei der keine Eintrittswahrscheinlichkeiten verfügbar sind, und Risiko, bei dem die Eintrittswahrscheinlichkeiten für bestimmte Umweltzustände objektiv oder subjektiv definiert werden können.

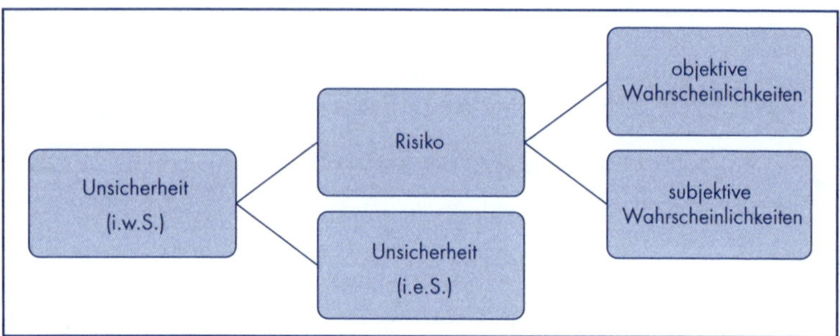

Abbildung 8: Kategorien der Unsicherheit

Ein einfaches Praxisbeispiel für eine Unsicherheit i. w. S. als Risiko mit objektiven Wahrscheinlichkeiten ist das Lottospiel. Bei der Lotterie 6 aus 49 mit Superzahl lässt sich mit einfachen statistischen Methoden eine Wahrscheinlichkeit für einen Treffer von 1 : 139.838.816 errechnen. Neben diesen durch klar definierte Regeln errechenbare Wahrscheinlichkeiten lassen sich objektive Wahrscheinlichkeiten auch durch wiederholte statistische Beobachtungen ermitteln.

Subjektive Wahrscheinlichkeiten kommen dann zum Tragen, wenn die Unsicherheit über einen bestimmten Umweltzustand nur einmal zum Tragen kommt, eine Entscheidung also nicht wiederholt werden kann, um daraus eine objektive Wahrscheinlichkeit zu bestimmen. Schätzen lassen sich subjektive Wahrscheinlichkeiten hingegen durchaus.

Exkurs: Fliegen als subjektives Risiko

Sicherlich ist das Beispiel etwas makaber, aber das Risiko, bei einem Flugzeugabsturz zu sterben, kann nur mit subjektiven Wahrscheinlichkeiten erfasst werden, da sich das „Experiment" nicht wiederholen lässt.

Eine Schätzung kann aufgrund von Erfahrungswerten vorgenommen werden. Bei jährlich ca. 2 Mrd. Flugpassagieren kam es in der Vergangenheit im Durchschnitt zu etwa 500 tödlichen Unfällen.[32] Damit beträgt die subjektive Wahrscheinlichkeit p_s, bei einem Flugzeugabsturz zu sterben

$$p_s = \frac{500}{2.000.000.000} = \frac{1}{4.000.000} = 0{,}00000025 = 0{,}000025\ \%$$

[32] Hofmann, Reimar, Schätzen mit subjektiven Wahrscheinlichkeiten, Hochschule Karlsruhe, 2010

4.1.2 Erwartungswert von Investitionen

Bei der Analyse von Investitionen sind verschiedene Arten von Unsicherheit denkbar:

- Unsicherheit über die Höhe künftiger Zahlungen oder Erträge
- Unsicherheit über den Zeitpunkt künftiger Zahlungen oder Erträge

Unsicherheiten über den Zeitpunkt künftiger Zahlungen und Erträge lassen sich modelltheoretisch nur deutlich komplexer erfassen als Unsicherheiten über die Höhe künftiger Zahlungen und Erträge. Daher werden wir uns vorrangig mit Unsicherheiten über die Höhe künftiger Zahlungen oder Erträge befassen.

Beispiel:
Eine größere Vorauszahlung eines Kunden in Höhe von 500.000 € soll für sechs Monate angelegt werden. Die Bank offeriert dabei ein Termingeldkonto mit variablen Zinsen, alternativ dazu eine Anlage in einem Geldmarktfonds. Die Wahrscheinlichkeit für fallende Zinsen liege bei 30%, die Wahrscheinlichkeit für steigende Zinsen bei 70%.[33]

Ereignis	aktuell	fallende Zinsen	steigende Zinsen
Wahrscheinlichkeit p		30%	70%
Termingeld-Zinssatz	0,5%	0,25%	1,0%
Kontostand nach 6 Monaten[33]	500.000 €	500.600 €	501.750 €
Geldmarktfonds	0,3%	0,1%	1,5%
Kontostand nach 6 Monaten*	500.000 €	500.400 €	503.000 €

Tabelle 36: Beispiel für Geldanlage bei Unsicherheit

Da bei den gegebenen möglichen Umweltzuständen die Wahrscheinlichkeiten ihres Eintrittes klar definiert sind, lässt sich aus den Wahrscheinlichkeiten p und den Umweltzuständen E (im Beispiel: den verschiedenen Kontoständen) der so genannte Erwartungswert berechnen:

$$\mu = \sum_{i=0}^{n} p_i * E_i$$

[33] Die Kontostände lassen sich bei der Annahme variabler Verzinsung nicht aus den gegebenen Daten errechnen, sondern sind selbst eine Annahme in diesem Beispiel.

Mathematisch ist der Erwartungswert nichts anderes als ein mit den Eintrittswahrscheinlichkeiten gewichteter Mittelwert. In unserem Beispiel bedeutet das:

$$\mu_{Termingeld} = 0{,}3 * 500.600\ € + 0{,}7 * 501.750\ € = 501.405\ €$$

$$\mu_{Geldmarkt} = 0{,}3 * 500.400\ € + 0{,}7 * 503.000\ € = 502.220\ €$$

Die mit der Kalkulation des Erwartungswertes einhergehende Durchschnittsbildung geht mit dem Problem einher, dass einzelne Ausprägungen verloren gehen. Abweichungen vom Erwartungswert werden nicht erfasst, so dass das Risiko der Investition nicht vollständig erfasst wird.

4.1.3 Varianz und Standardabweichung von Investitionen

Um dem Mangel des Erwartungswertes hinsichtlich der Abweichungen von μ zu begegnen, nutzt auch die Investitionsrechnung das statistische Instrument der Varianz bzw. der Standardabweichung. Die Varianz ist dabei definiert als die Summe der mit den Wahrscheinlichkeiten bewertete, quadrierte Abweichung des jeweiligen Umweltzustandes vom Erwartungswert. Mathematisch lässt sich das wie folgt schreiben.

$$\text{Varianz: } \sigma^2 = \sum_{i=0}^{n} p_i * (E_i - \mu)^2$$

Die Quadrierung der Abweichungen ist notwendig, damit sich die Abweichungen nicht gegenseitig aufheben und dadurch Aussagekraft verloren geht. Würde man beispielsweise im obigen Beispiel nur die mit den Wahrscheinlichkeiten bewerteten Abweichungen aufsummieren, so ergäbe sich folgendes Bild:

Ereignis	aktuell	fallende Zinsen	steigende Zinsen
Wahrscheinlichkeit p		30%	70%
Termingeld-Zinssatz	0,5%	0,25%	1,0%
Kontostand nach 6 Monaten	500.000 €	500.600 €	501.750 €
Erwartungswert μ	501.405 €		
$\sum_i p_i * (E_i - \mu)$			0 €

Ereignis	**aktuell**	**fallende Zinsen**	**steigende Zinsen**
Geldmarktfonds	0,3 %	0,1 %	1,5 %
Kontostand nach 6 Monaten	500.000 €	500.400 €	503.000 €
Erwartungswert μ	502.220 €		
$\sum_i p_i * (E_i - \mu)$			0 €

Tabelle 37: Erwartungswertberechnung

Um den Effekt der Quadrierung wieder „messbar" zu machen, wird aus der errechneten Varianz die Wurzel gezogen, um zur so genannten Standardabweichung zu kommen

$$\text{Standardabweichung}: \ \sigma = \sqrt{\sigma^2}$$

Mit den Daten unseres Beispiels lassen sich damit folgende Risikoparameter ermitteln:

$$\sigma^2_{\text{Termingeld}} = 0{,}3 * (500.600 - 501.405)^2 + 0{,}7 * (501.750 - 501.405)^2$$
$$= 0{,}3 * 648.025 + 0{,}7 * 119.025 = 277.725$$

$$\sigma_{\text{Termingeld}} = \sqrt{\sigma^2} = 526{,}99$$

$$\sigma^2_{\text{Geldmarkt}} = 0{,}3 * (500.400 - 502.220)^2 + 0{,}7 * (503.000 - 502.220)^2$$
$$= 0{,}3 * 3.312.400 + 0{,}7 * 608.400 = 1.419.600$$

$$\sigma_{\text{Geldmarkt}} = \sqrt{\sigma^2} = 1.191{,}47$$

Die Standardabweichungen geben darüber Auskunft, wie stark die einzelnen Umweltzustände (oder Ausprägungen oder Ein- oder Auszahlungen, je nachdem, welche Art von Beispiel betrachtet wird) im mit den Wahrscheinlichkeiten gewichteten Durchschnitt vom Erwartungswert abweichen. Damit haben wir ein elementares Instrument, um Risiko zu erfassen.

Wir wollen das Thema durch ein weiteres Beispiel verdeutlichen.

Beispiel:
Zwei Investitionen A und B führen jeweils mit einer Wahrscheinlichkeit von 1/3 zu folgenden Gewinnen:

Situation	1	2	3
Investition A	30	30	30
Investition B	60	70	-40

Tabelle 38: Vergleich von Investitionen bei Unsicherheit

$$\mu_A = \frac{1}{3} * 30 + \frac{1}{3} * 30 + \frac{1}{3} * 30 = 30$$

$$\mu_B = \frac{1}{3} * 60 + \frac{1}{3} * 70 + \frac{1}{3} * (-40) = 30$$

Beide Investitionsalternativen führen also zum gleichen Erwartungswert, obwohl die erreichbaren Auszahlungen völlig unterschiedlich sind. Das verdeutlicht, dass der Erwartungswert kein Maß ist, das Risiko in ausreichendem Maße abbilden kann. Dazu ist die Varianz bzw. die Standardabweichung notwendig:

$$\sigma_A^2 = \frac{1}{3} * (30-30)^2 + \frac{1}{3} * (30-30)^2 + \frac{1}{3} * (30-30)^2 = 0$$

$$\sigma_A = \sqrt{\sigma_A^2} = 0$$

$$\sigma_B^2 = \frac{1}{3} * (60-30)^2 + \frac{1}{3} * (70-30)^2 + \frac{1}{3} * (-40-30)^2$$
$$= \frac{1}{3} * 900 + \frac{1}{3} * 1.600 + \frac{1}{3} * 4.900 = 2.466,\overline{6}$$

$$\sigma_A = \sqrt{\sigma_A^2} = 49,67$$

Damit wird deutlich, dass, obwohl beide Investitionen den gleichen Erwartungswert aufweisen, Investition A kein Abweichungsrisiko in Form der Standardabweichung bzw. der Varianz aufweist, während Investition B mit einem Abweichungsrisiko vom Erwartungswert behaftet ist.

4.1.4 Risikopräferenz – Was will der Investor?

Die Erfassung des Risikos über einen Erwartungswert und die Varianz bzw. die Standardabweichung geschieht objektiv, messbar und (be-)rechenbar. Menschen sind aber nicht objektiv, sondern individuelle Subjekte. Ihr Verhalten ist meist nur im Nachhinein messbar und rechenbar. Berechenbar ist das Verhalten nur sehr selten. Dennoch ist genau diese Berechenbarkeit des Verhaltens nicht nur ein großes Interessensgebiet der Psychologie, sondern findet auch in der Investitionsrechnung ihren Platz. Ein einfaches Modell zur Erfassung dieser Subjektivität ist das (μ, σ)-Prinzip.

Beim (μ, σ)-Prinzip werde die zuvor besprochenen Einflussgrößen Erwartungswert und Standardabweichung in einer einfachen, linearen Risikopräferenzfunktion des Investors i zusammengefasst:

$$\Phi_i = \mu + a * \sigma$$

Diese simple Verknüpfung von Erwartungswert und Standardabweichung erlaubt – zumindest theoretisch – die Erfassung unterschiedlicher Risikoneigungen von Investoren:

Ist $a = 0$, dann entspricht die Risikopräferenz des Investors i dem Erwartungswert der zu beurteilenden Investition. Formal spricht man dann von einer Risikoneutralität eines Investors. Einfach und praktisch formuliert heißt das nichts Anderes als dass das Risiko für den Investor keine Rolle spielt. Er orientiert sich nur am Erwartungswert. Ein solches völliges Ignorieren von bekannten Risiken, die in σ erfasst werden, ist in der Praxis kaum anzutreffen.

Ist $a < 0$, dann ist die Risikopräferenz des Investors i geringer als der Erwartungswert der zu beurteilenden Investition (da $\sigma > 0$). Formal spricht man dann von einer Risikoscheu eines Investors. Ein solcher Investor oder Anleger wird höhere Risiken nur dann akzeptieren, wenn durch die Inkaufnahme dieser Risiken der Erwartungswert steigt. Umgekehrt wird er einen geringeren Erwartungswert nur dann akzeptieren, wenn gleichzeitig auch das Risiko sinkt. Mathematisch lässt sich das durch die Umformung der Risikopräferenzfunktion zeigen:

$$\mu = \Phi_i - a * \sigma$$

Da in dem betrachteten Fall $a < 0$, steigt bei gegebener Risikopräferenz Φ_i und steigendem Risiko der Erwartungswert, bzw. bei sinkendem Risiko sinkt der für die gegebene Risikopräferenz Φ_i akzeptable Erwartungswert.

Exkurs: Risiko und Newcomer: Die asiatische Automobilindustrie

Als die Automobilindustrie in Europa und Amerika in den 70er Jahren durch den Markteintritt der japanischen Anbieter geradezu erschüttert wurde, basierte das auf einer Preis- und Marketingstrategie, die einen risikoscheuen Kunden unterstellte. Für einen Privatkunden ist ein Autokauf – neben einem sicher in vielen Fällen nicht zu vernachlässigenden emotionalen Element – vor allem die Investition einer größeren Summe in einen langlebigen Gebrauchsgegenstand, also quasi das private Äquivalent zu einer unternehmerischen Investition.[34] Eine neue Automarke, aus Japan, lange Lieferwege, ein nicht allzu dichtes Händler- und Werkstättennetz, letztendlich sogar die Frage: Gibt es diese Anbieter zehn Jahre später überhaupt noch? Diese Faktoren stellten für den Verbraucher ein erhöhtes Risiko dar. Im privaten Bereich ist der risikoscheue Investor die Regel, so dass diesen höheren Risiken mit einem höheren Erwartungswert für den Kunden begegnet werden musste.

An diesem Punkt heißt es nun aufpassen, denn ohne künftige Rückflüsse bestimmt sich der Erwartungswert eines neuen Autos für den Kunden vor allen Dingen durch den Preis. Da dieser negativ, quasi Äquivalent zum BAZÜ aus der unternehmerischen Sicht, ist, steigt der Erwartungswert für den Kunden dann, wenn der Anbieter einen niedrigeren Preis offeriert. Und exakt das war die Markteintrittsstrategie der japanischen Automobilhersteller zur damaligen Zeit.

Diese Strategie fand ihre Wiederholung beim Markteintritt der koreanischen Anbieter. Dabei fiel allerdings die Notwendigkeit von Preiszugeständnissen deutlich geringer aus. Das ist zum einen auf die entsprechenden Erfahrungen der Kunden mit den japanischen Automobilherstellern zurückzuführen. Diese wurden als geringeres Risiko verarbeitet. Zum anderen haben einige koreanische Hersteller ihr Portfolio auf bestehende oder frühere Modelle von europäischen Herstellern aufgebaut, was das Risiko für den Kunden ebenfalls senkte.[35]

Die Strategie von Renault, mit ihrer Billigmarke Dacia das untere Preissegment des Automobilmarktes aufzurollen, lässt sich damit nur begrenzt vergleichen, da mit Renault ein etablierter und erfahrener europäischer Anbieter hinter der neuen Marke steht. Damit war das Risiko für den Kunden wesentlich geringer als in den Markteintrittssituationen der japanischen oder koreanischen Automobilindustrie. Die Niedrigpreisstrategie resultierte daher auch in vergleichsweise schnellen Erfolgen und einem aktuellen Marktanteil von Dacia in der Europäischen Union von um die 3 %.[36]

[34] Natürlich unter Vernachlässigung der Tatsache, dass der private Verbraucher üblicherweise nicht mit finanziellen Rückflüssen durch den Gebrauch des Autos rechnet.

[35] Beispielsweise Ssanyong mit der Einlizensierung der Mercedes M-Klasse.

[36] Zum Vergleich: Hyundai liegt in vergleichbarer Größenordnung, Kia unter 3 %, und die etablierte Marke Fiat schwankt EU-weit um 4,5 %.

Ist a > 0, dann ist die Risikopräferenz des Investors i höher als der Erwartungswert der zu beurteilenden Investition (da $\sigma > 0$). Formal spricht man dann von einer Risikofreude eines Investors. Ein solcher Investor oder Anleger wird höhere Risiken auch dann akzeptieren, wenn durch die Inkaufnahme dieser Risiken der Erwartungswert nicht oder nicht in gleichem Maße steigt oder gar zurückgeht. Diese Bereitschaft, höhere Risiken in Kauf zu nehmen, wird einerseits als positive unternehmerische Eigenschaft gesehen. Ohne diese Bereitschaft wären zweifelsohne viele Erfindungen nie gemacht und viele Unternehmen erst gar nicht gegründet worden, oder ihre Entwicklung wäre völlig anders verlaufen. Das fängt bei Erfinderpersönlichkeiten wie Benjamin Franklin oder Nicolas Tesla an, geht über Unternehmerpersönlichkeiten wie Robert Bosch bis hin zu den Unternehmergrößen unserer Zeit wie Bill Gates (Microsoft), Steve Jobs (Apple), George Rathmann (Amgen), Richard Branson (Virgin Group), Larry Page (Google), Marc Zuckerberg (Facebook) oder Elon Musk (Tesla Motors). In einem negativen Sinne ist Risikofreude aber auch das Merkmal einer Spielernatur. In der Verhaltensökonomie wird diese Thematik detaillierter betrachtet, da es in bestimmten Situationen, wie beispielsweise Blasenbildungen an Aktienmärkten, zu Asymmetrien zwischen der von einem Anleger geäußerten Risikopräferenz kommt: „Ich bin völlig risikoscheu, ich spiele nicht mal Lotto!", aber wenn die Bild-Zeitung schreibt: „Jetzt werden wir alle reich!"[37], dann investiert genau dieser risikoscheue Mensch in einer Milchmädchen-Hausse in die abstrusesten Geschäftsmodelle und Unternehmen und nimmt jede Talfahrt der Aktien-, Anleihe- oder Immobilienmärkte mit, die es gibt. Diese Detailbetrachtungen gehen aber weit über die Grundlagen der Investitionsrechnung hinaus. Wir verweisen hierzu auf entsprechende weiterführende Literatur.[38]

[37] März 2001.

[38] Beispielsweise Daxhammer, R.J., Facsar, M., Behavioral Finance, München 2012.

Grafisch lassen sich die drei Möglichkeiten der Risikopräferenz wie folgt darstellen:

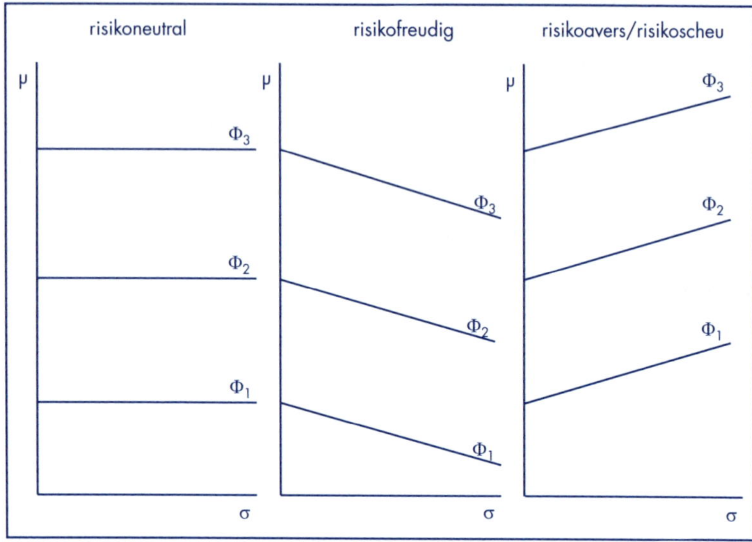

Abbildung 9: Unterschiedliche Risikopräferenzen

Wir sind uns der Tatsache bewusst, dass bei der grafischen Darstellung der Risikopräferenz in vielen Standardlehrbüchern die gleiche Darstellung für die Risikoneutralität zu finden ist. Bei der Risikoscheu bzw. -aversion und der Risikofreude werden hingegen oftmals statt linearen Funktionen Kurven verwendet. Diese Darstellung ist nicht grundsätzlich falsch. Allerdings setzt sie implizit die Verwendung von quadratischen Nutzenfunktionen voraus, was an dieser Stelle für die Investitionsrechnung im Bachelorstudium unseres Erachtens zu weit geht. Daher bleiben wir bei der linearen Darstellung, die auch formal der Gleichung der Risikopräferenz

$$\Phi_i = \mu + a * \sigma$$

entspricht.

Für die Investitionsentscheidung ergibt sich bei der Verwendung einer Risikopräferenzfunktion eine einfache Entscheidungsregel:

„Wähle die Investition, die bei dem gegebenen, mit kalkulierbarer Unsicherheit behafteten Datensatz den höchsten nicht-negativen Risikopräferenzwert aufweist!"

Für sich genommen, wären Investitionen mit einem negativen Erwartungswert abzulehnen. Durch die Erfassung der individuellen Risikoeinstellung des Investors kann es aber auch in solchen Situationen dazu kommen, dass die Risikopräferenz positiv ist.[39]

Bis zu diesem Punkt klingt die Erfassung der Risikoeinstellung eines Investors durch die Risikopräferenzfunktion Φ logisch und sogar recht gut greifbar, denn als lineare Funktion ist sie auch einfach zu rechnen. Allerdings hat die Risikopräferenzfunktion einen elementaren Haken: „a".

Die Variable a, anhand deren die Risikoneutralität, Risikoscheu oder Risikofreude definiert wird, ist ein absolut subjektiver Faktor, der von zahlreichen Begleitumständen beeinflusst wird. So kann beispielsweise der finanzielle Hintergrund entscheidend dafür sein, ob jemand bereit ist, Investitionsrisiken einzugehen oder nicht: Ist ein ausreichender finanzieller Puffer für den Fall eines Fehlschlages vorhanden, ist grundsätzlich zu erwarten, dass dieses Risiko eher eingegangen wird, als wenn das Risiko aus dieser Investition existenzbedrohend ist. Selbst Erziehungsfragen können die Variable a beeinflussen. Hat der Anleger über seine Familie „unternehmerische Gene" in Form einer höheren Risikobereitschaft mitbekommen, entscheidet er die gleiche Investition völlig anders als jemand, der in einem Umfeld aufgewachsen ist, in dem (finanzielle) Sicherheit eine entscheidende Rolle gespielt hat. Individuelle Erfahrungen, Ängste oder auch Unkenntnis wirtschaftlicher Sachverhalte können mit bestimmen, ob und wann sich ein Individuum risikoneutral, risikoscheu oder risikofreudig verhält. Wir haben oben das Beispiel von Asymmetrien zwischen geäußerter und gelebter Risikopräferenz angesprochen. Ein Kleinanleger, der sich im Zuge der medialen Berichterstattung um den Neuen Markt in den Jahren 2000 und 2001 zu größeren Investitionen verleiten ließ und bei dem darauffolgenden Crash eventuell 90 % seiner Anlagesumme verloren hat, wird auf Jahre hinaus abgeschreckt sein, wenn sein Bankberater nur das Wort Aktienmarkt erwähnt. Ein Unternehmer, der eine Insolvenz hinter sich gebracht hat, hat in Europa oft einen Makel anhaften und wird in der Folge eher eine abhängige Beschäftigung suchen, als noch einmal das Risiko einer Selbständigkeit einzugehen. Hier zeigen sich auch kulturelle Unterschiede: Im angelsächsischen Sprachraum, insbesondere in den USA, ist die Pleite mit einem Unternehmen keineswegs das übliche Ende einer Entrepreneur-Karriere. Vielmehr wird dort der Neustart positiv gesehen und die Risikofreude damit sogar kulturell gestützt.

[39] Wenn $a > 0$ (risikofreudig) und $\mu < 0$, dann muss für $\Phi > 0$ gelten: $\mu > -a * \sigma$.

Damit wird klar, dass Rechnungen mit einer gegebenen Risikopräferenzfunktion zwar einfach vorgenommen werden können. Die klare und eindeutige Bestimmung einer individuellen Risikopräferenzfunktion stößt hingegen auf eine Vielzahl von Hindernissen. Die Variable a ist nicht nur subjektiv, sondern wird in aller Regel die meisten Individuen schon in puncto Selbsteinschätzung überfordern und von zahlreichen externen Gegebenheiten abhängen. Eine objektive und mehr oder weniger dauerhaft gültige Einschätzung der Risikopräferenz eines Investors durch Dritte ist hingegen so gut wie unmöglich. Umso erstaunlicher ist es, dass Banken genau das im Zuge der Anlageberatung bei ihren Kunden nicht nur freiwillig machen, sondern sogar dazu gezwungen sind, entsprechende Einordnungen vorzunehmen. Im Nachgang zur Finanzkrise haben Banken enorm in die standardisierte Erfassung u.a. der Risikoeinschätzung ihrer Anlagekunden in Form des Beratungsprotokolls investiert und Prozesse etabliert, die den Anforderungen der Aufsichtsbehörden standhalten sollten. Dem Problem, dass die Risikopräferenz in Form der Variable a so gut wie gar nicht objektiv ermittelbar ist, wurde durch die Bildung von Risikoklassen begegnet. Die Erfolge des Beratungsprotokolls waren dürftig, denn die Protokolle wurden oft fehlerhaft ausgefüllt und konnten im Konfliktfall auch nur selten als Beweisgrundlage dienen. Die Weiterentwicklung des gesetzlichen Rahmens im Zuge von MIFID II[40] sieht nun wieder einen Wegfall des Beratungsprotokolls und dessen Ersatz durch eine „Geeignetheitserklärung" vor, in der darzulegen sein soll, wie die Anlage auf die Präferenzen, Anlageziele und andere Merkmale des Kunden abgestimmt wurden. Eine Verbesserung der Problematik, dass die Risikopräferenzen von Anlegern bestenfalls zufällig und nur für einen bestimmten Zeitpunkt richtig – in Form eines numerischen Wertes für die Variable a – erfasst werden können, ist auch durch MIFID II nicht möglich.

Die grundlegende Kritik an der Risikopräferenz ist und bleibt damit die Tatsache, dass die für die Risikoeinstufung des Investors entscheidende Variable a subjektiver Natur ist und ihre objektive Bestimmung durch Dritte so gut wie ausgeschlossen ist.[41]

---

[40] http://eur-lex.europa.eu/legal-content/DE/TXT/PDF/?uri=CELEX:32014L0065&from=EN

[41] Das gilt auch, wenn statt der hier verwendeten rein linearen Form mit der impliziten Annahme quadratischer Nutzenfunktionen gearbeitet wird, denn dadurch wird lediglich die Selbst- oder Fremdeinschätzung der Risikopräferenz durch die Selbst- oder Fremdeinschätzung der jeweiligen Nutzenfunktion ersetzt.

4.2 Entscheidungen unter Unsicherheit

Entscheidungen unter Unsicherheit verlangen einem Individuum mehr ab als Entscheidungen unter Sicherheit. Mögliche Ergebnisse müssen ermittelt werden, die entsprechenden Wahrscheinlichkeiten müssen ermittelt werden und anschließend ist eine Risikobewertung nach dem unter 4.1 gezeigten Muster durchzuführen.

Um dann diese Risikobewertung in eine Investitionsentscheidung einfließen zu lassen, gibt es verschiedene Möglichkeiten, die wir nach dem Grad ihrer Komplexität betrachten wollen.

4.2.1 Korrekturverfahren – Vorsicht ist die Mutter der Porzellankiste

Das Korrekturverfahren gehört zu den einfachsten Verfahren, um das Risiko beherrschbar zu machen. Das Grundprinzip dabei ist, die unsicheren Größen um Risikozu- oder -abschläge zu korrigieren. Dieses Prinzip wird auch im privaten Bereich angewendet und ist jedem Menschen bekannt, ohne es als Korrekturverfahren zum Umgang mit Risiko zu klassifizieren:

- Wenn morgens unklar ist, ob es noch Regen geben wird oder nicht, nehmen wir sicherheitshalber einen Schirm mit.
- Wenn wir bei einer Radtour nicht wissen, ob es unterwegs eine Rastmöglichkeit in einem Café oder einem Restaurant gibt, nehmen wir sicherheitshalber eine Flasche Wasser und einen Apfel mehr mit.
- Wenn wir als passionierte Schnäppchenjäger auf einen Flohmarkt gehen, nehmen wir zur Sicherheit 50 € mehr mit, um im Falle eines Falles einen unvermuteten Flohmarktschatz kaufen zu können.
- Wenn wir in Urlaub in ein Land mit anderer Landeswährung als dem Euro fahren, tauschen wir sicherheitshalber oft vorher etwas mehr Geld ein, um auf der sicheren Seite zu sein.

Die Formulierungen machen deutlich: Die Korrekturen der unsicheren Größen durch Risikozu- oder -abschläge dient dazu, mehr Sicherheit zu gewinnen. Das funktioniert im unternehmerischen Bereich analog. Speziell in der Investitionsrechnung gibt es vier wesentliche Stellgrößen, die korrigiert werden können, um die Kalkulation näher an die – leider meist utopische – Situation der Sicherheit anzunähern:

- Vermindern Sie die zu erwartenden Einzahlungen
- Erhöhen Sie die zu erwartenden Auszahlungen
- Verringern Sie die geschätzte (technische oder wirtschaftliche) Nutzungsdauer
- Erhöhen Sie den verwendeten Kapitalzinsfuß

Beispiel:
Gegeben sei folgende Zahlungsreihe, die durch die Anschaffung eines netzwerkfähigen Multifunktionsdruckers im Copyshop Heinrichs entsteht:

	t_0	t_1	t_2
$BAZÜ_0$; $BEZÜ_t$	–5.000 €	6.000 €	4.000 €
Kapitalzinsfuß		5 %	8 %

Tabelle 39: Beispielrechnung Investitionen bei Unsicherheit (1)

Exakte Risiken, also Wahrscheinlichkeiten für den Eintritt der jeweiligen Zahlung oder des Kapitalzinsfußes sind als Unsicherheit i. e. S. nicht ermittelbar.

Ohne die Berücksichtigung von Risiko ergäbe sich der Kapitalwert der Investition als:

$$K_0(\text{ohne Risiko}) = -5.000\text{ €} + \frac{6.000\text{ €}}{1{,}05} + \frac{4.000\text{ €}}{1{,}05 * 1{,}08} = 4.241{,}62\text{ €}$$

Berücksichtigt man moderate Risikozu- und abschläge, könnte die korrigierte Zahlungsreihe wie folgt aussehen:

korrigiert (1)	t_0	t_1	t_2
$BAZÜ_0$; $BEZÜ_t$	–5.250 €	5.700 €	3.800 €
Kapitalzinsfuß		6 %	10 %

Tabelle 40: Beispielrechnung Investitionen bei Unsicherheit (2)

Die korrigierte Zahlungsreihe (1) enthält einen um 5 % höheren $BAZÜ_0$, jeweils um 5 % niedrigere $BEZÜ_t$, und einen um einen bzw. zwei Prozentpunkte erhöhten Kapitalzinsfuß.

Exkurs: Subjektives Risikoempfinden

Wir haben bereits darauf hingewiesen, dass es Unterschiede gibt zwischen einem objektiven Risiko, das durch klare „Spielregeln" bzw. statistische Beobachtungen bei immer wiederkehrender Wiederholung des „Spiels" errechnet werden kann, und einem subjektiven Risiko, das nur auf individueller Basis geschätzt werden kann.

Letzteres ist im Zusammenhang mit dem Korrekturverfahren besonders wichtig, da es keine objektiven Regeln zur Korrektur von Ein- und Auszahlungen, dem Kapitalzinsfuß oder der Nutzungsdauer einer Investition gibt.

Die Korrektur der Zahlungsreihe im obigen Beispiel erfolgte daher im Grundsatz willkürlich, denn jeder Betreiber eines Copyshops hätte wahrscheinlich sein individuelles Risikoempfinden hinsichtlich des Korrekturbedarfs der Zahlungsreihe, das vom Standort des Ladengeschäftes, seiner Stamm- und Laufkundschaft, seinen früheren Erfahrungen mit Investitionen und vielen anderen Einflussfaktoren abhängig sein kann.

Die korrigierte Zahlungsreihe weist folgenden Kapitalwert auf:

$$K_0^{korrigiert(1)} = -5.250\ € + \frac{5.700\ €}{1{,}06} + \frac{3.800\ €}{1{,}1^2} = 3.517{,}85\ €$$

Dieser ist deutlich geringer als der Kapitalwert $K_0^{ohne\ Risiko}$, was aber bei Zuschlägen bei den Auszahlungen, Abschlägen bei den Einzahlungen und Zuschlägen beim Kapitalzinsfuß genau so zu erwarten war.

Die Richtung der Veränderung weist allerdings auf ein wesentliches Problem hin, das mit dem Korrekturverfahren verbunden sein kann: Werden die Zu- und Abschläge „zu hoch" angesetzt, kann das dazu führen, dass die Korrektur dazu führt, dass die Investition als nicht mehr vorteilhaft beurteilt wird. Sie wird dann de facto „tot gerechnet".

Beispiel:
Wir verwenden wieder das obige Beispiel eines – zweiten – Copyshops, der einen neuen Multifunktionsdrucker anschaffen will. Hier heißt der Inhaber und Geschäftsführer Friedrichs. Auf Grund der Erfahrung des Geschäftsführers in der Vergangenheit und seiner Eltern, die ihn mit der Volksweisheit „Vorsicht ist die Mutter der Porzellankiste" geprägt haben, stellt er folgende Überlegungen an:

- Mit dem Anschaffungspreis ist es meist nicht getan. Wenn ich dem Spediteur nicht nochmal was extra in die Hand drücke, stellt der mit das Gerät nur vor die Tür, statt dass er es mir gleich in den Laden verfrachtet. Ich rechne mal lieber mit 10% mehr.
- Mit einem Sicherheitspuffer von 5% bei den zu erwartenden Einzahlungen im ersten Jahr und einem um einen Prozentpunkt höheren Kapitalzinsfuß kann ich gut leben.
- Zwei Jahre hält das Gerät ohnehin nicht durch, wenn es mitten im Laden steht und jeden Tag 20 verschiedene Kunden daran herumfummeln. Ich gehe mal lieber davon aus, dass das Gerät ohnehin vorzeitig kaputt geht und dass es nur ein Jahr Nutzungsdauer haben wird.

Auf dieser Grundlage ergibt sich eine neue korrigierte Zahlungsreihe:

korrigiert (2)	t_0	t_1	t_2
$BAZÜ_0$; $BEZÜ_t$	–5.500 €	5.700 €	–
Kapitalzinsfuß		6 %	–

Tabelle 41: Beispielrechnung Investitionen bei Unsicherheit (3)

Der Kapitalwert berechnet sich dann als:

$$K_0^{korrigiert(2)} = -5.500\ € + \frac{5.700\ €}{1{,}06} = -122{,}64\ €$$

Mit einem negativen Kapitalwert ist die Investition nicht mehr zu empfehlen. Die Korrekturen haben die Investition „tot gerechnet".

Den Korrekturverfahren ist positiv anzurechnen, dass sie eine erste grundlegende Beschäftigung mit der Risikothematik ermöglichen, ohne dabei den Anwender zu überfordern. Wie oben dargestellt, wenden die Menschen dieses Korrekturverfahren – auch wenn sie es nicht so benennen – oft und in vielen Lebensbereichen an, so dass die Übertragung auf einen wirtschaftlichen Zusammenhang unproblematisch ist.

Typischerweise werden bei den Korrekturverfahren nur Risikozuschläge bei den Auszahlungen und dem Kapitalzinsfuß und Risikoabschläge bei den Einzahlungen und der Nutzungsdauer berücksichtigt. Dahinter steht die Annahme: „Wenn es besser kommt als erwartet, kann das ja nicht schaden". Das ist aber mit einer gewissen Vorsicht zu betrachten. Zum einen unterstellt diese Vorgehensweise, dass Investoren grundsätzlich risikoscheu wären. Diese Annahme ist aber in sich fraglich, denn gerade größere Realinvestitionen sind oft mit höheren Risiken verbunden, als beispielsweise die Anlage in einem Hypothekenpfandbrief. Zum anderen kann ein konsequentes Unterschätzen künftiger Einzahlungen dazu führen, dass mehr administrativer Aufwand in einem Unternehmen betrieben werden muss als geplant, weil beispielsweise mehr Kunden zu betreuen sind, als ursprünglich angenommen.

Wir haben bereits angesprochen, dass die Risikozu- und -abschläge, die im Korrekturverfahren zum Einsatz kommen, subjektiver Natur sind. Die Geschäftsführer Heinrichs und Friedrichs zweier Copyshops an unterschiedlichen Enden der Stadt könnten demnach im obigen Beispiel einmal zur korrigierten Zahlungsreihe (1) und einmal zur Zahlungsreihe (2) gelangen. Dann würde Heinrichs die Investition durchführen, weil sie nach seiner Korrektur einen positiven Kapitalwert aufweist und damit zu empfehlen ist, während Friedrichs die Finger davon lässt, weil er mit seiner Korrektur einen negativen Kapitalwert kalkuliert und die Investition daher ablehnt.

Problematisch wird diese Subjektivität der Korrekturen dann, wenn mehrere Entscheider an einem Investitionsprojekt arbeiten, aber unterschiedliche Risikoeinschätzungen haben. Würden beispielsweise die Geschäftsführer Heinrichs und Friedrichs gemeinsam einen dritten Copyshop in der Stadtmitte eröffnen und dort die Investition für das oben genannte Multifunktionsgerät kalkulieren, würde Heinrichs ja und Friedrichs nein sagen. In großen Organisationen nimmt diese Problematik in dem Maße zu, wie es mehr Entscheidungsbeteiligte für Investitionen gibt.

Das Problem, dass durch die Korrektur von Zahlungsreihen, Nutzungsdauern oder dem Kapitalzinsfuß Investitionen tot gerechnet werden können, wird durch die Möglichkeit verstärkt, dass im Rahmen der Korrekturen möglicherweise Größen korrigiert werden, die gar nicht unsicher sind. So wäre es beispielsweise durch eine Garantie des Herstellers mit einem schnellstmöglichen Reparatur- oder Ersatzgeräteservice möglich, die Unsicherheit hinsichtlich der Nutzungsdauer in t_2 auf nahezu Null zu reduzieren. Dann würde sich die korrigierte Zahlungsreihe im Copyshop Friedrichs wie folgt darstellen:

korrigiert (3)	t_0	t_1	t_2
$BAZÜ_0$; $BEZÜ_t$	–5.500 €	5.700 €	3.800 €
Kapitalzinsfuß		6 %	10 %

Tabelle 42: Beispielrechnung Investitionen bei Unsicherheit (4)

Der Kapitalwert errechnet sich dann als:

$$K_0^{korrigiert(3)} = -5.500\ € + \frac{5.700\ €}{1{,}06} + \frac{3.800\ €}{1{,}1^2} = 2.822{,}31\ €$$

Dann wäre die Investition auch mit einem höheren Risikozuschlag beim $BAZÜ_0$ zu empfehlen.

4.2.2 Sensitivitätsanalysen

Eine weitere Möglichkeit, Risiken zu erfassen, bieten so genannten Sensitivitätsanalysen. Dabei wird der Einfluss von Inputgrößen der Kapitalwertberechnung auf die Outputgröße, also den Kapitalwert selbst, untersucht. Denkbare Inputgrößen könnten wie bei den Korrekturverfahren

- der $BAZÜ_0$,
- die $BEZÜ_t$,
- die Nutzungsdauer oder
- der verwendete Kapitalzinsfuß

sein. Die grundlegende Fragestellung dabei ist: „Wie ändert sich der Kapitalwert der zu analysierenden Investition, wenn die Inputgrößen variieren?" Der Umfang der Variation der Inputgrößen ist keinen fixen Regeln unterworfen. Ein Kapitalzinsfuß kann dabei beispielsweise um einen, zwei, drei, fünf oder zehn Prozentpunkte nach oben und unten variiert werden, je nach der Interessenlage der Adressaten der Sensitivitätsanalyse und nach der Sinnhaftigkeit der Korrektur: So macht es keinen Sinn, einen Kapitalzinsfuß in Höhe von 5 % um mehr als fünf Prozentpunkte zu verringern.

Denkbar ist eine Sensitivitätsanalyse auch in der Form, dass für den Kapitalwert ein bestimmter Zielwert oder eine zulässige Bandbreite festgelegt werden und die dazu passende Inputgröße oder Bandbreite an Input dazu ermittelt werden sollen. Dieses „umgekehrte" Vorgehen ist in der Praxis aber deutlich seltener anzutreffen als die Analyse der Variation von Inputfaktoren auf den Kapitalwert.

Die Sensitivitätsanalyse kann auch auf detailliertere Einflussgrößen wie Umsatz, Material-, Fertigungs-, Vertriebs- oder Verwaltungskosten ausgedehnt werden. Ob das tatsächlich sinnvoll ist, kann nur am Einzelfall beurteilt werden.

In Bewertungsmodellen wie dem Discounted Cashflow-Verfahren ist zudem die finale Wachstumsrate zur Bestimmung des Anteils der ewigen Rente am Cashflow von Bedeutung und wird gerne einer Sensitivitätsanalyse unterzogen.

Beispiel:

Eine Spedition plant den Kauf eines Lkw zum Einsatz im Containerfrachtdienst. Der Anschaffungspreis liegt bei 125.000 €. In den geplanten 5 Jahren der Nutzungsdauer soll der Einzahlungsüberschuss (Umsatz – variable Kosten; von fixen Kosten wird abstrahiert) 50.000 € betragen. Der Kapitalzinsfuß liegt bei 5 %. Das Grundgeschäft wird als stabil angesehen, allerdings soll der Kapitalwert einer Sensitivitätsanalyse im Hinblick auf den Kapitalzinsfuß unterzogen werden.

Der Kapitalwert berechnet sich aus diesen Angaben als:

$$K_0^{(5\,\%)} = -125.000\,€ + \sum_{t=1}^{5} \frac{50.000\,€}{1{,}05^t}$$

Durch die gleichbleibenden Einzahlungsüberschüsse liegt in den Perioden 1 bis 5 eine Annuität in Höhe von 50.000 € vor, deren Barwert wir mit Hilfe der Rentenbarwertformel

$$\sum_{t=1}^{T}\frac{1}{(1+r)^t}=\frac{(1+r)^T-1}{(1+r)^T*r}$$

errechnen können.

$$K_0^{(5\,\%)}=-125.000\text{ €}+50.000\text{ €}*\frac{1{,}05^5-1}{1{,}05^5*0{,}05}$$
$$=-125.000\text{ €}+50.000\text{ €}*4{,}329476671=91.473{,}83\text{ €}$$

Variieren wir nun den Kapitalzinsfuß jeweils um zwei Prozentpunkte nach oben und nach unten so ergeben sich als Kapitalwerte:

$$K_0^{(3\,\%)}=-125.000\text{ €}+50.000\text{ €}*\frac{1{,}03^5-1}{1{,}03^5*0{,}03}$$
$$=-125.000\text{ €}+50.000\text{ €}*4{,}579707187=103.985{,}36\text{ €}$$

$$K_0^{(7\,\%)}=-125.000\text{ €}+50.000\text{ €}*\frac{1{,}07^5-1}{1{,}07^5*0{,}07}$$
$$=-125.000\text{ €}+50.000\text{ €}*4{,}100197436=80.009{,}87\text{ €}$$

Führen wir die Ergebnisse in einer einfachen tabellarischen Übersicht zusammen, so haben wir das Resultat einer Sensitivitätsanalyse der Investition im Hinblick auf den Kapitalzinsfuß:

Kapitalzinsfuß	**Kapitalwert**
3%	103.985,36 €
5%	91.473,83 €
7%	80.009,87 €

Tabelle 43: Sensitivitätsanalyse (1)

Werden statt nur einem Inputfaktor zwei Inputfaktoren variiert, ergibt sich eine Sensitivitätsmatrix.

Beispiel:
Wir bauen auf das obige Beispiel auf und variieren neben dem Kapitalzinsfuß die jährlichen Einzahlungen um jeweils 10.000 € nach unten und oben. Um das Ergebnis noch darstellbar zu halten, gehen wir davon aus, dass entweder dauerhaft 10.000 € p.a. weniger zufließen oder dauerhaft 10.000 € p.a. mehr zufließen. Kombinationen von mehr in einem, weniger in einem anderen Jahr sind zwar mit vergleichsweise moderatem Rechenaufwand kalkulierbar, aber nicht mehr übersichtlich darstellbar. Aus dem gleichen Grund werden in einer Sensitivitätsanalyse

i.d.R. nicht mehr als zwei Inputfaktoren variiert. Mit der Vereinfachung gelangen wir zur Sensitivitätsmatrix der Investition hinsichtlich des Kapitalzinsfußes und der Einzahlungsüberschüsse:

Kapitalzinsfuß Einzahlungsüberschuss p.a.	3%	5%	7%
40.000 €	58.188,29 €	48.179,07 €	39,007,90 €
50.000 €	103.985,36 €	91.473,83 €	80.009,87 €
60.000 €	149.782,43 €	134.768,60 €	121.011,85 €

Tabelle 44: Sensitivitätsanalyse (2)

Solche Sensitivitätsanalysen sind im Bereich von Unternehmensbewertungen üblich. Kapitalanlagegesellschaften, M&A-Unternehmen oder auch die entsprechenden Abteilungen von Banken fügen ihren Unternehmensbewertungen bei Anlässen wie Börsengang (IPO), Kapitalerhöhung, Firmenübernahmen u.a. in aller Regel eine Sensitivitätsanalyse hinzu, die meist den Kapitalzinsfuß und die ewige Wachstumsrate des Unternehmens variiert.

Exkurs: Sensitivitätsanalysen bei Börsengängen

Mit welchen Zinsfüßen und welchen Wachstumsraten bei Sensitivitätsanalysen gearbeitet wird, ist zum einen durch den subjektiven Eindruck des Bewertenden, aber auch durch die äußeren Umstände geprägt. So wurde beispielsweise für ein Biotechnologieunternehmen, das im Jahr 2000 an die Börse ging, folgende Sensitivitätsmatrix kalkuliert:

Kapitalzinsfuß / ewige Wachstumsrate	12,1%	13,1%	14,1%
1%	155 Mio. €	131 Mio. €	110 Mio. €
2%	168 Mio. €	141 Mio. €	118 Mio. €
3%	184 Mio. €	151 Mio. €	127 Mio. €

Nur ein Jahr später – aber nach dem Tech-Stock-Crash von 2001 – sah die Sensitivitätsanalyse eines anderen pharmazeutischen Unternehmens so aus:

Kapitalzinsfuß / ewige Wachstumsrate	11,4%	12,4%	13,4%
0,5%	315,2 Mio. €	275,3 Mio. €	248,3 Mio. €
1,5%	333,2 Mio. €	289,0 Mio. €	258,8 Mio. €
2,5%	355,3 Mio. €	305,4 Mio. €	271,2 Mio. €

Dass die Kapitalwerte dabei unterschiedlich ausfallen, ist bei zwei Unternehmen unterschiedlicher Größe wenig erstaunlich. Die Unterschiede in den Inputfaktoren sind von viel größerem Interesse. So mag man die unterschiedlichen Kapitalzinsfüße noch mit unterschiedlichen Kapitalstrukturen erklären können[42], die Unterschiede in der ewigen Wachstumsrate dürften jedoch bei dem hohen Verwandtschaftsgrad der beiden Branchen auf eine höhere Vorsicht der Bewertenden und der potenziellen Anleger zurück zu führen sein. De facto wird somit die Sensitivitätsanalyse durch das Korrekturverfahren (in Form der Berücksichtigung von branchenspezifischen oder gesamtwirtschaftlichen Rahmenbedingungen) ergänzt.

Der klare Vorteil der Sensitivitätsanalyse ist, dass sie die Auswirkungen von Variationen der betrachteten Inputfaktoren sichtbar macht. Dabei bleibt aber weitgehend unklar, warum gerade die betrachteten und nicht andere Faktoren einer Sensitivitätsanalyse unterzogen werden. Mitunter ist der Grund für die Auswahl der in der Sensitivitätsanalyse variierten Faktoren ganz einfach. Bei Unternehmensbewertungen aus den oben ausgesprochenen Anlässen sind Sensitivitätsanalysen im Hinblick auf den Kapitalzinsfuß und die ewige Wachstumsrate schlicht und einfach die Kundenerwartungen, die

[42] http://www.controllingportal.de/Fachinfo/Kennzahlen/Weighted-Average-Cost-of-Capital-WACC.html

sich im Laufe der Jahrzehnte herausgebildet haben. Kapitalanlagegesellschaften erwarten genau diese Art von Sensitivitätsanalyse und bekommen sie entsprechend von den Finanzdienstleistern auch geliefert.

Vorsicht ist angebracht, wenn verschiedene Inputfaktoren miteinander kombiniert werden, die voneinander abhängig sind. Ein Beispiel hierfür wäre eine Kombination Umsatz und Gewinn oder auch Kosten und Gewinn. Hierbei kann es zu Kumulationsproblemen kommen, welche das Ergebnis verfälschen.

Letztlich bleibt als ein wichtiges Manko der Sensitivitätsanalyse festzuhalten, dass die mit ihr errechneten Bandbreiten im Kapitalwert einer Investition oder eines ganzen Unternehmens nicht mit Eintrittswahrscheinlichkeiten verbunden sind, da diese in der Regel auch nicht objektiv ermittelbar sind. Die Sensitivitätsanalyse bleibt somit durch die grundsätzlich freie Wahl der zu variierenden Inputfaktoren, der grundsätzlich freien Wahl der Bandbreite der Variation und den fehlenden objektiven Eintrittswahrscheinlichkeiten ein höchst subjektives Verfahren. Mangels objektiver Alternativen finden sie aber dennoch einen breiten Einsatz.[43]

4.3 Portfoliotheorie nach Markowitz

Die Portfoliotheorie (Theorie der Wertpapiermischung) zählt zu den quantitativen Methoden des Wertpapiermanagements. Sie bildet einerseits einen Ausschnitt aus der umfassenderen Kapitalmarkttheorie, andererseits die Grundlage für komplexere Modelle der Investitionsrechnung wie das Capital Asset Pricing-Modell, auf das wir später eingehen werden.

Harry Max Markowitz (*24.8.1927), ein US-amerikanischer Ökonom, begründete im März 1952 die Portfoliotheorie, genauer: die Portfolio Selection Theory, und erhielt 1990 zusammen mit den Ökonomen Merton H. Miller und William F. Sharpe dafür den Wirtschaftsnobelpreis.

Markowitz untersuchte das Verhalten von Investoren an Kapitalmärkten unter bestimmten Voraussetzungen und Annahmen:

„Ein gutes Portfolio ist mehr als eine lange Liste von Wertpapieren. Es ist eine ausbalancierte Einheit, die dem Investor gleichermaßen Chance und Absicherung unter einer Vielzahl von möglichen zukünftigen Entwicklungen

---

[43] Die kundenwunschbedingte Festlegung auf den Kapitalzinsfuß und die ewige Rente bei Unternehmensbewertungen bringen lediglich hinsichtlich der verwendeten Inputfaktoren eine gewisse Vergleichbarkeit zwischen unterschiedlichen Quellen.

bietet. Der Anleger sollte daher auf ein integriertes Portfolio hinarbeiten, das seinen individuellen Erfordernissen Rechnung trägt."

(Harry M. Markowitz)

4.3.1 Risiko senken durch Streuen von Investitionen

Für Markowitz stellte sich die Frage, wie ein optimales Wertpapierportfolio aussehen soll und wie der Anleger sein Risiko durch Diversifizierung reduzieren kann. Die Quintessenz seiner Forschung besteht aus der einfachen Regel:

„Lege nicht alle Eier in einen Korb."

Diese Grundregel mutet für Fachfremde etwas suspekt an, scheint sie doch auf den ersten Blick nichts mit Investitionen oder Wertpapieren zu tun zu haben. Aber diese Brücke lässt sich einfach schlagen, indem man sich den Hintergrund klar macht. Ein Landwirt, der Hühner hält, morgens mit einem großen Korb die gelegten Eier einsammelt und auf dem Weg ins Haus über die Türschwelle stolpert, findet fast alle gesammelten Eier zerbrochen auf dem Boden wieder. Sammelt er die Eier stattdessen mit mehreren kleineren Körben, für die er eventuell mehrfach in den Hühnerstall und wieder zurück ins Haus laufen muss, so wird er, wenn ihm das Missgeschick bei der ersten Runde geschieht, später besser aufpassen oder, wenn ihm das Missgeschick erst bei der letzten Runde passiert, die Eier der ersten Runden schon in Sicherheit haben. Und diese Grundidee übertrug Markowitz auf Wertpapiere bzw. ganz allgemein auf Investitionen.

Markowitz wollte mathematisch aufzeigen, wie Investoren ihre Chancen nutzen können, um ein optimales Portfolio im Sinne einer Risikoreduktion durch Diversifizierung der Wertpapiere (z. B. Aktien, Zinspapiere etc.) zu schaffen.

Die Portfoliotheorie postuliert, dass sich das Risiko einer Geldanlage quantitativ relativ genau ermitteln lässt und zwar anhand der Standardabweichung (σ) und der Renditen um den Erwartungswert (μ) ihrer als bekannt vorausgesetzten Renditeverteilung messen lässt.

Eine Risikoreduzierung gelingt gemäß Markowitz, indem man mehrere Wertpapiere in einem Depot bzw. Portfolio streut, wodurch die Risiken minimiert und die Renditechancen erhöht werden. Ein solches diversifiziertes Portfolio ist dem Portfolio mit Konzentration auf nur einen Wert (eine Investition, eine Geldanlage), überlegen. Es stellen sich für den Anleger folgende Fragen:

- Welches sind die richtigen Wertpapiere, welches sind die richtigen Investitionen?
- Was ist ein optimales Portfolio?

- Wie lässt sich aus einer Vielzahl von verschiedenen Anlagemöglichkeiten (Aktien, Wertpapiere, Immobilien etc.) ein annähernd optimales Portfolio für den Investor planen und mathematisch quantifizieren?
- Welche Auswirkungen hat die Diversifizierung auf Rendite und Risiko des Gesamtportfolios?
- Welche Handlungsempfehlungen können Anlageberater in Banken ihren Kunden objektiv und vernünftig im Hinblick auf das Risiko geben?
- Wie können sie dies dem Kunden belegen, warum diese diversifizieren sollen?

Jede Kapitalanlage und jedes Wertpapier sowie jegliche Investition bergen unterschiedliche Risiken. Der Traum jedes Anlegers ist eine höchstmögliche Rendite bei geringstem Risiko. Dem steht jedoch das grundlegende Gesetz des Kapitalmarktes entgegen, wonach ein höheres Risiko in der Regel der Preis für eine höhere Rendite ist.

4.3.2 Risikominimierung durch Streuen von Investitionen

Wir wollen die obigen bisher noch rein theoretischen Ausführungen zunächst durch ein sehr einfaches Beispiel verdeutlichen und dabei auch zeigen, dass die Risikostreuung nach Markowitz nicht nur ein reines Wertpapierthema ist, sondern auch im allgemeinen Investitionskontext angewendet werden kann.

Beispiel:
Ihnen steht die Möglichkeit offen, eine Beteiligung an einem Unternehmen einzugehen, das Regenschirme herstellt, sowie die Möglichkeit, eine Beteiligung an einem Unternehmen einzugehen, das Sonnenbrillen produziert. Sie können dabei entweder Ihr ganzes Geld in die Regenschirmfabrik stecken, das ganze Geld in die Sonnenbrillenfabrik, oder aber Sie investieren jeweils 50% Ihres Vermögens in die Regenschirm- und in die Sonnenbrillenfabrik. Die Wahrscheinlichkeiten für Regenwetter und Sonnenschein seien mit 30% gegeben, mit einer Wahrscheinlichkeit von 40% bleibt das Wetter durchwachsen. Daraus ergibt sich folgende Übersicht:[44]

[44] Bei dem Beispiel können die Zahlen sowohl für absolute Geldwerte (100 €, 50 €, 0 €) stehen als auch für Renditen (100 %, 50 %, 0 %). Für die Berechnung des Erwartungswertes, der Varianz und der Standardabweichung ist die Einheit der Zahlen nicht relevant.

	p	Vollinvestment Regenschirme	Vollinvestment Sonnenbrillen	Teilinvestment Regenschirme (50%)	Teilinvestment Sonnenbrillen (50%)
Regenwetter	30%	100	0	50	0
durchwachsenes Wetter	40%	50	50	25	25
Sonnenschein	30%	0	100	0	50
μ		50	50	25	25
σ^2		1.500	1.500	375	375
σ		38,73	38,73	19,36	19,36

Tabelle 45: Beispiel zur Risikostreuung

Für die einzelnen Investments ergeben sich durch die Streuung ein geringerer Erwartungswert und ein geringeres Risiko. Ob das im Sinne des Anlegers ist, lässt sich nur mit einer Risikopräferenzfunktion ermitteln (vgl. 4.1.4). Deutlich wird aber: Durch die Streuung wird das Risiko eines Komplettausfalles eliminiert, da in jedem Fall mit der Investitionsalternative noch Geld verdient wird.

Markowitz' Erkenntnisse lassen sich auf große Depots mit einer Vielzahl von Wertpapieren anwenden. Um die Grundlagen der Thematik zu verstehen, macht es aber keinen Sinn, in ein Modell mit 20 Wertpapieren einzusteigen, das nur mit IT-Unterstützung zu rechnen ist. Wir wollen uns hier auf ein einfaches Modell mit zwei Wertpapieren und einfachen Grundannahmen beschränken, denn bereits damit werden die wesentlichen Effekte der Risikostreuung deutlich. Die Grundannahmen des Modells lauten:

- Vereinfachung auf zwei Wertpapiere A und B
- Beschränkung auf ein Ein-Perioden-Modell
  - Kauf der Wertpapiere in t_0 und Verkauf in t_1
  - Dadurch keine Diskontierungs- und Wiederanlageprobleme
  - Vernachlässigung von Transaktionskosten
  - Vernachlässigung von Steuern
- Risikoerfassung über das (μ, σ)-Prinzip
- Risikoscheue Investoren
- Es existiert keine sichere Anlagemöglichkeit

Beispiel:
Gegeben seien zwei Wertpapiere, die mit bestimmten Wahrscheinlichkeiten innerhalb einer Periode bestimmte Renditen erreichen:

p	10%	20%	40%	15%	15%
Wertpapier A	3	8	12	20	22
Wertpapier B	6	15	18	16	12

Tabelle 46: Zwei-Wertpapiere-Modell

Aus diesen Daten können wir nach dem bekannten Muster (vgl. 4.1.2 und 4.1.3) die Erwartungswerte, die Varianzen und die Standardabweichungen der beiden Wertpapiere berechnen:

$$\mu_A = 0,1*3+0,2*8+0,4*12+0,15*20+0,15*22=13$$

$$\sigma_A^2 = 0,1*(3-13)^2+0,2*(8-13)^2+0,4*(12-13)^2+0,15*(20-13)^2$$
$$+0,15*(22-13)^2=34,9$$

$$\sigma_A = 5,91$$

$$\mu_B = 0,1*6+0,2*15+0,4*18+0,15*16+0,15*12=15$$

$$\sigma_B^2 = 0,1*(6-15)^2+0,2*(15-15)^2+0,4*(18-15)^2+0,15*(16-15)^2$$
$$+0,15*(12-15)^2=13,2$$

$$\sigma_B = 3,63$$

Demnach hat Wertpapier B einen höheren Erwartungswert und ein geringeres Risiko als Wertpapier A. Wäre das nicht eine ausreichende Grundlage, um A aus dem Depot[45] zu verbannen und nur in B zu investieren? Nein, denn genau hier kommt die Portfoliostreuung nach Markowitz ins Spiel. In einem ersten Schritt wollen wir uns ansehen, wie sich der Erwartungswert des Portfolios verändert, wenn wir die beiden Wertpapiere mischen.

Stellt man aus den beiden Wertpapieren ein „Portfolio" zusammen, also eine Mischung, so sind die Portfolioanteile x_A und x_B (mit $x_A + x_B = 1$) bei der Berechnung des Erwartungswertes für das Portfolio zu berücksichtigen.

$$\mu_{Portfolio}(A, B) = x_A * \mu_A + x_B * \mu_B$$

[45] Wir verwenden die Begriffe „Depot" und „Portfolio" synonym.

In 0,1-Schritten stellt sich der Portfolio-Erwartungswert dann wie folgt dar:

x_A	0	0,1	0,2	0,3	0,4	0,5	0,6	0,7	0,8	0,9	1,0
x_B	1,0	0,9	0,8	0,7	0,6	0,5	0,4	0,3	0,2	0,1	0
μ_P	15	14,8	14,6	14,4	14,2	14	13,8	13,6	13,4	13,2	13

Tabelle 47: Portfolio-Erwartungswert

Da Wertpapier A den geringeren Erwartungswert von $\mu = 13$ aufweist, ist das Ergebnis, dass der Portfolio-Erwartungswertdamit einer steigenden Beimischung von Wertpapier A abnimmt, nicht überraschend. Das allein bringt uns in der Beurteilung der Mischung noch nicht weiter, da das Risikomaß noch fehlt: die Portfoliovarianz.

Bei der Betrachtung der Portfoliovarianz ist zu berücksichtigen, dass Wertpapiere in der Regel nicht unabhängig voneinander sind, sondern sich in bestimmter Art und Weise zueinander verhalten. Ein klassisches Beispiel sind konjunkturell anfällige Werte (wie beispielsweise Stahl- oder Automobilaktien) im Vergleich zu konjunkturell weitgehend resistenten Werten (wie beispielsweise Nahrungsmittelhersteller oder pharmazeutische Unternehmen). Steigen die einen, bleiben die anderen tendenziell am Aktienmarkt zurück und umgekehrt. Unternehmen aus der gleichen Branche hingegen werden sich typischerweise eher gleichförmig entwickeln.

Diese Thematik wird durch die Berechnung der Portfoliovarianz nach der folgenden Formel berücksichtigt:

$$\sigma^2_{Portfolio} = x_A^2 * \sigma_A^2 + x_B^2 * \sigma_B^2 + 2 * x_A * x_B * cov(r_A, r_B)$$

Die darin verwendete Kovarianz errechnet sich als:

$$cov(r_A, r_B) = \sum_{i=1}^{n} p_i * (r_{Ai} - \mu_A) * (r_{Bi} - \mu_B)$$

Die Kovarianz $cov(r_A, r_B)$ gibt an, ob die beiden Wertpapiere gleich- oder gegenläufig auf das Eintreten bestimmter Rahmenbedingungen reagieren.[46] Aus der Formel der Kovarianz ergibt sich, dass sie positiv, negativ und – zumindest theoretisch – auch gleich Null sein kann:

- $cov(r_A, r_B) = 0$ bedeutet, dass die Entwicklung der beiden Wertpapiere unabhängig voneinander ist. Dieser Extremfall ist in der Praxis so gut wie nie zu finden.
- $cov(r_A, r_B) > 0$ bedeutet, dass die Entwicklung der beiden Wertpapiere gleichgerichtet ist, also beispielsweise bei Unternehmen aus der gleichen Branche.

[46] Wie oben ausgeführt reagieren beispielsweise pharmazeutische Unternehmen weit weniger stark auf konjunkturelle Einbrüche als ein Stahlhersteller.

- $cov(r_A, r_B) < 0$ bedeutet, dass die Entwicklung der beiden Wertpapiere einander entgegen gerichtet ist, wie wir es im obigen Beispiel von Unternehmen erwähnt haben, die auf konjunkturelle Schwankungen unterschiedlich reagieren.

Wie stark eine gleich- oder gegenläufige Entwicklung der Wertpapiere ist, lässt sich aber mit der Kovarianz nicht feststellen. Dem absoluten Wert der Kovarianz fehlt in dieser Hinsicht die Aussagekraft, da eine Normierung fehlt. Diese Normierung erreicht man, indem man die Kovarianz auf das Produkt der einzelnen Standardabweichungen bezieht. Dieser Quotient nenn sich Korrelationskoeffizient $\rho_{A,B}$:

$$\rho_{A,B} = \frac{cov(r_A, r_B)}{\sigma_A * \sigma_B}$$

Grundsätzlich gleichen sich die Aussagen der Kovarianz und des Korrelationskoeffizienten, denn sie indizieren beide die Abhängigkeit zwischen den betrachteten Wertpapieren. Durch die Normierung gilt aber beim Korrelationskoeffizienten:

$$-1 \leq \rho_{A,B} \leq 1,$$

so dass dessen Absolutwert im Gegensatz zur Kovarianz eine klare Aussagekraft hat:

$\rho_{A,B}$	
–1	vollständig negative Korrelation; was ein Wertpapier prozentual verliert, gewinnt das andere in gleicher Höhe. Möglichkeit einer perfekten Verlustabsicherung („perfect hedge"); in der Praxis kaum zu finden
$-1 < \rho_{A,B} < 0$	teilweise negative Korrelation
0	keine Korrelation (wie bei $cov(r_A, r_B) = 0$); in der Praxis kaum zu finden
$0 < \rho_{A,B} < 1$	teilweise positive Korrelation
1	vollständig positive Korrelation; beide Wertpapiere bewegen sich in gleicher Höhe in die gleiche Richtung; in der Praxis kaum zu finden

Tabelle 48: Korrelationskoeffizient

Stellt man die Formel des Korrelationskoeffizienten

$$\rho_{A,B} = \frac{cov(r_A, r_B)}{\sigma_A * \sigma_B}$$

nach der Kovarianz um, so lässt diese sich schreiben als:

$$cov(r_A, r_B) = \rho_{A,B} * \sigma_A * \sigma_B$$

Ersetzt man in der Formel für die Portfoliovarianz die Kovarianz, so ergibt sich:

$$\sigma^2_{Portfolio} = x_A^2 * \sigma_A^2 + x_B^2 * \sigma_B^2 + 2 * x_A * x_B * \rho_{A,B} * \sigma_A * \sigma_B$$

Mit dieser Grundlage können wir unser Beispiel wieder aufnehmen. So errechnet sich die Kovarianz als:

$$\begin{aligned} cov(r_A, r_B) = {} & 0,1*(3-13)*(6-15)+0,2*(8-13)*(15-15) \\ & +0,4*(12-13)*(18-15)+0,15*(20-13)*(16-15) \\ & +0,15*(22-13)*(12-15)=4,8 \end{aligned}$$

und der Korrelationskoeffizient als:

$$\rho_{A,B} = \frac{cov(r_A, r_B)}{\sigma_A * \sigma_B} = \frac{4,8}{5,91*3,63} = 0,22$$

Nun haben wir die für die Berechnung der Portfoliovarianz notwendigen Varianzen, Standardabweichungen und den Korrelationskoeffizienten und können durch eine Variation der Portfolioanteile x_A und x_B (wie bei der Berechnung des Erwartungswertes des Portfolios) eine tabellarische Übersicht über die Portfoliovarianz bei unterschiedlichen Mischungen der beiden Wertpapiere erstellen.[47]

x_A	0	0,1	0,2	0,3	0,4	0,5	0,6	0,7	0,8	0,9	1
x_B	1	0,9	0,8	0,7	0,6	0,5	0,4	0,3	0,2	0,1	0
Varianz	13,2	11,9	11,4	11,6	12,6	14,4	17,0	20,3	24,4	29,3	34,9
Standard-abweichung	3,63	3,45	3,37	3,41	3,56	3,80	4,12	4,51	4,94	5,41	5,91

Tabelle 49: Portfoliovarianz

[47] Bsp.: $x_A = 0,3$ und $x_B = 0,7$:

$$\sigma^2_{Portfolio} = 0,09*34,9+0,49*13,2+2*0,3*0,7*(4,8)=11,6$$

Die minimale Standardabweichung und damit das kleinste Portfoliorisiko ergibt sich damit bei einer Mischung des Portfolios mit 80 % Wertpapier B und 20 % Wertpapier A. Das ist das wirklich Überraschende an der Risikostreuung nach Markowitz: Obwohl Wertpapier B einen höheren Erwartungswert und ein geringeres Risiko als Wertpapier A aufweist, macht es nach Risikogesichtspunkten dennoch Sinn, Wertpapier A beizumischen, da das Portfoliorisiko damit – selbst unter das Risiko des risikoärmeren Wertpapiers B – gesenkt werden kann. Dafür muss allerdings ein geringerer Erwartungswert μ_P in Kauf genommen werden.

x_A	0	0,1	0,2	0,3	0,4	0,5	0,6	0,7	0,8	0,9	1
x_B	1	0,9	0,8	0,7	0,6	0,5	0,4	0,3	0,2	0,1	0
μ_P	15,0	14,8	14,6	14,4	14,2	14,0	13,8	13,6	13,4	13,2	13,0
Standard-abweichung	3,63	3,45	3,37	3,41	3,56	3,80	4,12	4,51	4,94	5,41	5,91

Tabelle 50: Portfolio-Erwartungswert und -Standardabweichung

Verkleinert man die Schritte der Beimischung immer weiter, erhält man die Daten für eine grafische Darstellung des Zusammenhangs zwischen dem Erwartungswert des Portfolios und des Portfoliorisikos, gemessen anhand der Standardabweichung. Der idealtypische Verlauf dieser Kurve lässt sich wie folgt darstellen:

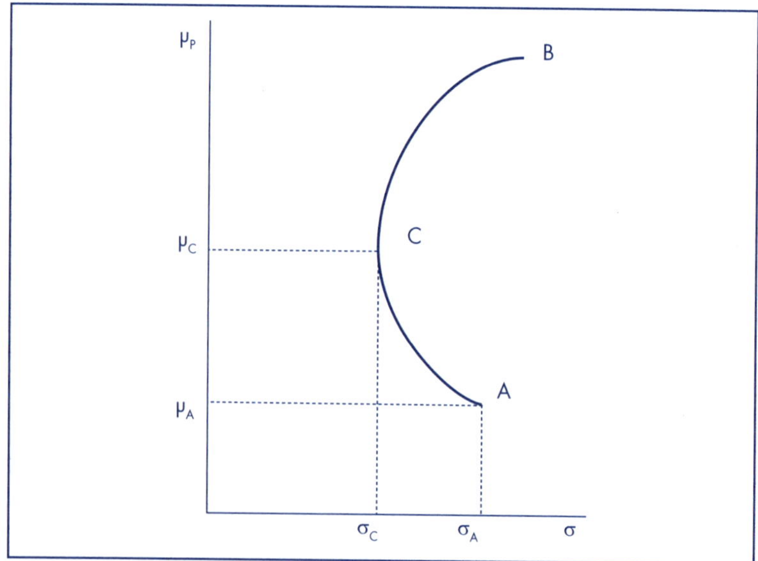

Abbildung 10: Risikominimales Portfolio

Die Krümmung der Kurve wird durch den Korrelationskoeffizienten $\rho_{A,B}$ bestimmt. Es ist leicht ersichtlich, dass Portfolien entlang der Kurve zwischen den Punkten A und C nicht effizient sein können, da bei jedem Risiko zwischen σ_A und σ_C auf der Kurve zwischen C und B ein höherer Erwartungswert realisiert werden kann. Den Teil der Kurve zwischen C und B nennt man daher auch „effiziente Kurve".

Der Punkt C stellt das risikominimale Portfolio dar. Mathematisch lässt sich der Punkt C ausgehend von der Gleichung der Portfoliovarianz ermitteln. Diese ist unter der Nebenbedingung $x_A + x_B = 1$ zu minimieren.

$$\sigma^2_{\text{Portfolio}} = x_A^2 * \sigma_A^2 + x_B^2 * \sigma_B^2 + 2 * x_A * x_B * \rho_{A,B} * \sigma_A * \sigma_B$$

$$\sigma^2_{\text{Portfolio}} = x_A^2 * \sigma_A^2 + (1 - x_A)^2 * \sigma_B^2 + 2 * x_A * (1 - x_A) * \rho_{A,B} * \sigma_A * \sigma_B$$

$$\sigma^2_{\text{Portfolio}} = x_A^2 * \sigma_A^2 + (1 - 2 * x_A + x_A^2) * \sigma_B^2 + 2 * x_A * \rho_{A,B} * \sigma_A * \sigma_B - 2 * x_A^2 * \rho_{A,B} * \sigma_A * \sigma_B$$

$$\sigma^2_{\text{Portfolio}} = x_A^2 * \sigma_A^2 + \sigma_B^2 - 2 * x_A * \sigma_B^2 + x_A^2 * \sigma_B^2 + 2 * x_A * \rho_{A,B} * \sigma_A * \sigma_B - 2 * x_A^2 * \rho_{A,B} * \sigma_A * \sigma_B$$

$$\sigma^2_{\text{Portfolio}} = x_A^2 * (\sigma_A^2 + \sigma_B^2 - 2 * \rho_{A,B} * \sigma_A * \sigma_B) - x_A * (2 * \sigma_B^2 - 2 * \rho_{A,B} * \sigma_A * \sigma_B) + \sigma_B^2$$

$$\frac{d\sigma^2_{\text{Portfolio}}}{dx_A} = 2 * x_A * (\sigma_A^2 + \sigma_B^2 - 2 * \rho_{A,B} * \sigma_A * \sigma_B) - (2 * \sigma_B^2 - 2 * \rho_{A,B} * \sigma_A * \sigma_B)$$

Diese Ableitung ist gleich Null zu setzen, so dass sich als risikominimaler Portfolioanteil x_A ergibt:

$$x_A = \frac{\sigma_B^2 - \rho_{A,B} * \sigma_A * \sigma_B}{\sigma_A^2 + \sigma_B^2 - 2 * \rho_{A,B} * \sigma_A * \sigma_B}$$

Verwenden wir in dieser Formel die im obigen Beispiel errechneten Größen für die Varianzen, Standardabweichungen und den Korrelationskoeffizienten, so lautet das exakte Ergebnis:

$$x_A = \frac{13{,}2 - 5{,}91 * 3{,}62 * 0{,}22}{34{,}9 + 13{,}2 - 2 * 5{,}91 * 3{,}63 * 0{,}22} = 0{,}219 = 21{,}9\%$$ [48]

[48] Die Abweichung zu Tabelle 42 ergibt sich hier nur durch die größere Genauigkeit, da wir in Tabelle 42 mit 0,1-Schritten gearbeitet haben.

Da sich die beiden Anteile der Wertpapiere im Portfolio zu 1 addieren müssen gilt dann:

$$x_B = 1 - x_A = 88{,}1\ \%$$

Die Hinzunahme weiterer, nicht vollständig positiv oder negativ korrelierter Wertpapiere verschiebt die effiziente Kurve immer weiter nach links oben:

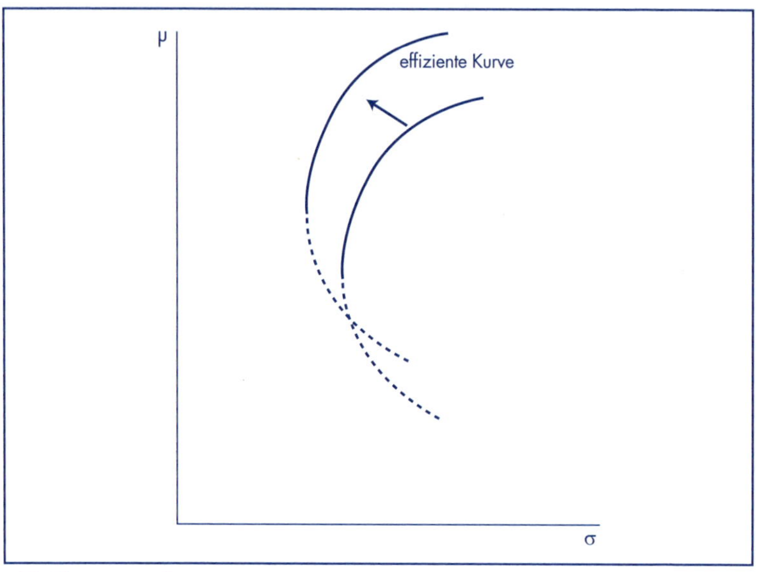

Abbildung 11: Effiziente Linie

Laut empirischen Untersuchungen reicht bereits eine geringe Anzahl (ca. zehn) an nicht vollständig miteinander korrelierten Wertpapieren, um den größten Teil der Risikominderung abzubilden. Weitere Wertpapiere senken das Portfoliorisiko nur geringfügig. An diesem Punkt stellt sich dann in der Praxis die Frage, ob die durch weitere Wertpapiere noch erzielbare Risikominderung den zusätzlichen Verwaltungsaufwand wert sind, denn abweichend von den Grundannahmen des Modells gibt es in der Praxis sehr wohl Transaktionskosten, die den Vorteil einer möglichen weiteren geringen Risikominderung kompensieren, im schlimmsten Fall sogar überkompensieren könnten.

Was einerseits theoretisch möglich und andererseits vom Anleger oder Investor tatsächlich gewünscht ist, kann durchaus differieren. Wir haben dieses Thema bereits im Rahmen der Risikopräferenz (vgl. 4.1.4) aufgegriffen. Wir verbinden dieses Thema nun in einem nächsten Schritt mit der Markowitzschen Risikominimierung, um eine Brücke zum Capital Asset Pricing-Modell zu schlagen.

4.3.3 Das Tobinsche Separationstheorem

Das Tobinsche Spearationstheorem ist ein Bindeglied zwischen den Themen Portfoliovarianz, Kovarianz und Korrelationskoeffizient einerseits und dem Capital Asset Pricing-Modell, das in der Praxis der Geldanlage einen breiten Raum einnimmt, und das wir später genauer darstellen werden.

Zur Erläuterung des Theorems greifen wir zunächst noch einmal auf ein einfaches Beispiel mit zwei Wertpapieren zurück. Diese Wertpapiere sollen mit den folgenden Wahrscheinlichkeiten bestimmte Renditen erreichen:

p	15%	20%	30%	20%	15%
Wertpapier A	5	10	15	18	21
Wertpapier B	6	15	20	18	10

Tabelle 51: Beispielrechnung Tobinsches Separationstheorem

Daraus lassen sich – wie wir oben gezeigt haben – im ersten Schritt Erwartungswerte, Varianzen und Standardabweichungen für die Renditen der beiden Wertpapiere errechnen.

$$\mu_A = 0{,}15 * 5 + 0{,}2 * 10 + 0{,}3 * 15 + 0{,}2 * 18 + 0{,}15 * 21 = 14$$

$$\begin{aligned} \sigma_A^2 = &\ 0{,}15 * (5-14)^2 \\ &+ 0{,}2 * (10-14)^2 \\ &+ 0{,}3 * (15-14)^2 \\ &+ 0{,}2 * (18-14)^2 \\ &+ 0{,}15 * (21-14)^2 \\ = &\ 26{,}2 \end{aligned}$$

$$\sigma_A = 5{,}12$$

$$\mu_B = 0{,}15 * 6 + 0{,}2 * 15 + 0{,}3 * 20 + 0{,}2 * 18 + 0{,}15 * 10 = 15$$

$$\sigma_B^2 = 0{,}15 * (6-15)^2 \\ +0{,}2 * (15-15)^2 \\ +0{,}3 * (20-15)^2 \\ +0{,}2 * (18-15)^2 \\ +0{,}15 * (10-15)^2 \\ = 25{,}22$$

$$\sigma_B = 5{,}02$$

Die Erwartungswerte eines Mischportfolios aus den beiden Wertpapieren A und B ergeben sich nach der Formel:

$$\mu_{Portfolio}^{(A,\,B)} = x_A * \mu_A + x_B * \mu_B$$

wobei x_A und x_B die jeweiligen Anteile der Wertpapiere A und B sind, die sich jeweils zu 1 addieren.

Die Varianz des Portfolios errechnet sich nach der Formel

$$\sigma_{Portfolio}^2 = x_A^2 * \sigma_A^2 + x_B^2 * \sigma_B^2 + 2 * x_A * x_B * cov(r_A,\ r_B),$$

,

wobei gilt:

$$cov(r_A,\ r_B) = \sum_{i=1}^{n} p_i * (r_{Aj} - \mu_A) * (r_{Bj} - \mu_B)$$

In unserem Beispiel errechnet sich die Kovarianz damit als:

$$cov(r_A,\ r_B) = 0{,}15 * (5-14) * (6-15) \\ +0{,}2 * (10-14) * (15-15) \\ +0{,}3 * (15-14) * (20-15) \\ +0{,}2 * (18-14) * (18-15) \\ +0{,}15 * (21-14) * (10-15) \\ = 10{,}8$$

Verwendet man dabei den Zusammenhang:

$$\rho_{A,B} = \frac{cov(r_A,\ r_B)}{\sigma_A * \sigma_B} \quad \text{bzw.} \quad cov(r_A,\ r_B) = \rho_{A,B} * \sigma_A * \sigma_B$$

so lässt sich die Varianz des Portfolios auch wie folgt darstellen:

$$\sigma^2_{Portfolio} = x_A^2 * \sigma_A^2 + x_B^2 * \sigma_B^2 + 2 * x_A * x_B * \rho_{A,B} * \sigma_A * \sigma_B$$

In einer tabellarischen Übersicht ergeben sich daraus folgende Ergebnisse für jeweils Zehntelschritte bei der Portfoliomischung:

x_A	0	0,1	0,2	0,3	0,4	0,5	0,6	0,7	0,8	0,9
x_B	1	0,9	0,8	0,7	0,6	0,5	0,4	0,3	0,2	0,1
$\mu^{(A,B)}_{Portfolio}$	15	14,9	14,8	14,7	14,6	14,5	14,4	14,3	14,2	14,1
$\sigma^2_{Portfolio}$	25,20	22,62	20,63	19,24	18,45	18,25	18,65	19,64	21,23	23,42
$\sigma_{Portfolio}$	5,02	4,76	4,54	4,39	4,30	4,27	4,32	4,43	4,61	4,84

Tabelle 52: Beispielrechnung Portfolioerwartungswert und Portfoliovarianz

Die minimale Varianz liegt demnach in diesem Beispiel – vereinfacht durch die Zehntelschritte – bei einer Kombination von 50 % Anteil des Wertpapiers A und 50 % Anteil des Wertpapiers B. Gerade noch ungeübte Studierende erstaunt ein solches Ergebnis immer wieder, hatten wir doch im direkten Vergleich der Wertpapiere bei Wertpapier B einen höheren Erwartungswert und eine geringere Varianz als bei Wertpapier A. Dass eine Mischung der beiden Wertpapiere dennoch Sinn macht, ist die Quintessenz der Markowitzschen Portfoliotheorie.

Nun wollen wir aber einen Schritt weiter gehen und den Verlauf der Standardabweichung grafisch darstellen. Wir entnehmen der Tabelle, dass der Erwartungswert des Portfolios $\mu^{(A,B)}_{Portfolio}$ mit der Beimischung von Wertpapier A zu Wertpapier B kontinuierlich sinkt. Wir bewegen uns also in einem (σ, μ)-Diagramm auf der μ-Achse von oben nach unten.

Die Varianz des Portfolios sinkt bei dieser Bewegung zunächst bis zur varianzminimalen Kombination der beiden Wertpapiere und steigt danach wieder an. Daraus ergibt sich folgendes Bild (wobei wir den exakten Zahlenübertrag vernachlässigen). Dabei ist in der Grafik zu berücksichtigen, dass es lediglich beispielhaft ist, dass Wertpapier B einen höheren Erwartungswert und eine geringere Varianz als Wertpapier A hat. Die Krümmung der Kurve wird durch die Kovarianz bzw. den Korrelationskoeffizienten der beiden Wertpapiere bestimmt.

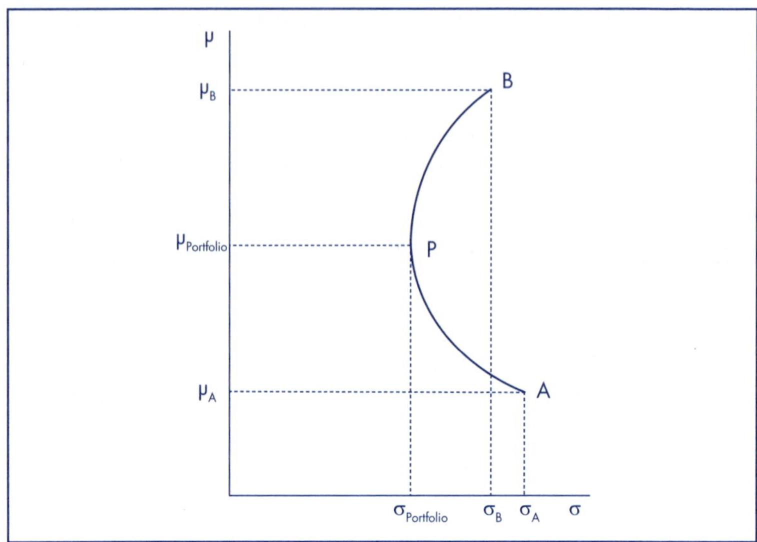

Abbildung 12: Portfoliovarianz und -erwartungswert

Der Punkt P ist dabei unser varianz- oder risikominimales Portfolio. Keine andere Zusammensetzung des Portfolios erreicht ein niedrigeres Risiko.

Für die praktische Anwendung ist nun der Vergleich der beiden Kurvenabschnitte A-P und P-B interessant. Dabei gilt: Für jeden Punkt auf dem Kurvenabschnitt A-P kann auf dem Kurvenabschnitt P-B ein höherer Erwartungswert bei gleichem oder sogar geringerem Risiko realisiert werden. Damit sind Punkte auf dem Kurvenabschnitt A-P keine rationalen Lösungen. Der Kurvenabschnitt P-B wird hingegen aus genau diesem Grund als effiziente Kurve bezeichnet.

Bis dato ist das lediglich eine Wiederholung dessen, was wir im allgemeinen Teil der Portfolio Selection-Theorie ausgeführt haben. Nun kombinieren wir diese Erkenntnisse mit der ebenfalls schon gestellten und ausgearbeiteten Frage: „Was will der Investor?“, also mit der Thematik der Risikopräferenz aus 3.1.4.

Eine einfache Erkenntnis aus der Praxis, die jeder Anlageberater kennt, und von der letztendlich die komplette Glücksspielindustrie liebt, ist die Tatsache, dass nicht jeder Anleger bzw. Investor das minimale Risiko realisieren will. Manche Menschen sind einfach bereit, ein höheres Risiko zu tragen, wenn ihnen dafür die Aussicht auf einen höheren Ertrag erwächst. Im Rahmen der Risikopräferenzüberlegungen haben wir dieses Verhalten mit der Risikopräferenzfunktion

$$\Phi = \mu + a * \sigma$$

erfasst. Umgestellt nach μ ergibt sich eine einfache lineare Funktion μ(σ):

$$\mu = \Phi - a * \sigma$$

Kombinieren wir grafisch den effizienten Teil der Kurve aus der Portfolio-Selection-Theorie mit dieser Geraden aus der Risikopräferenzanalyse, so ergibt sich folgendes Bild:

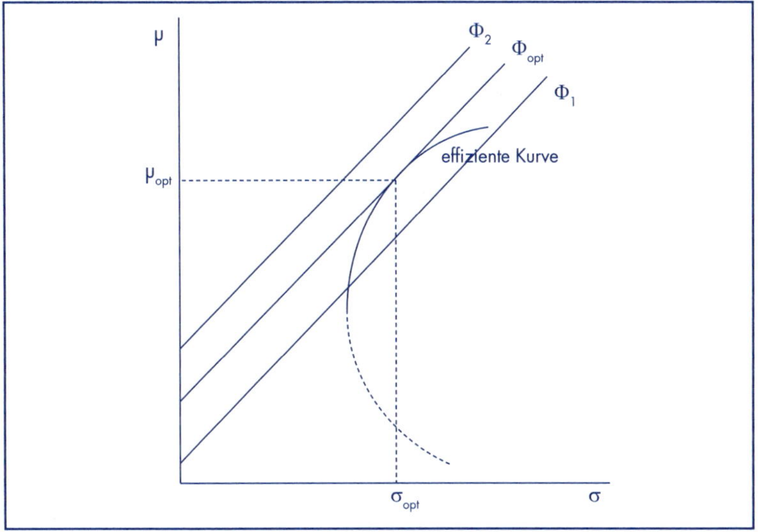

Abbildung 13: Effiziente Kurve und Risikopräferenzfunktion

- Φ_1 kann dabei keine optimale Lösung liefern, da bei jedem gegebenen Risiko entlang der effizienten Kurve ein höherer Erwartungswert realisiert werden kann.
- Φ_2 kann dabei keine optimale Lösung liefern, da keiner der Kombinationen aus Erwartungswert und Risiko realisiert werden kann. Die effiziente Kurve begrenzt hier die realisierbaren Möglichkeiten.
- Lediglich Φ_{opt}, also die Tangentiallösung zwischen der effizienten Kurve und der Risikopräferenzfunktion bietet die für den Anleger optimale und erreichbare Kombination aus Erwartungswert und Risiko.

Dieses – für den Anleger – optimale Wertpapierportfolio bildet nun die Basis für das Tobinsche Separationstheorem, das aber über die bisherigen Annahmen hinaus noch weitere Voraussetzungen braucht:

- Es existiert eine risikofreie Anlagemöglichkeit mit einer Rendite r_f. Als Beispiele dafür werden in der Regel Staatsanleihen herangezogen.
- Es gibt einen vollkommenen Kapitalmarkt, auf dem jede Summe zu r_f angelegt und auch als Kredit aufgenommen werden kann.

Unsere oben verwendet Grafik ändert sich damit nur insofern, als aus der Risikopräferenzfunktion Φ eine so genannte Linie effizienter Mischportfolien wird.

- Bei einer Bewegung nach „links" vom wie oben bestimmten optimalen Wertpapierportfolio bedeutet das, dass der Anleger einen Teil des Vermögens lieber in die risikofreie Anlage investiert und nur den verbleibenden Teil seines Vermögens in das optimal strukturierte Portfolio aus risikobehafteten Wertpapieren (T_1).
- Bei einer Bewegung nach „rechts" vom wie oben bestimmten optimalen Wertpapierportfolio bedeutet das, dass der Anleger den Kapitalmarkt nutzt, um Kapital zu r_f aufzunehmen und dieses in das optimal strukturierte Portfolio aus risikobehafteten Wertpapieren zu investieren (T_2).

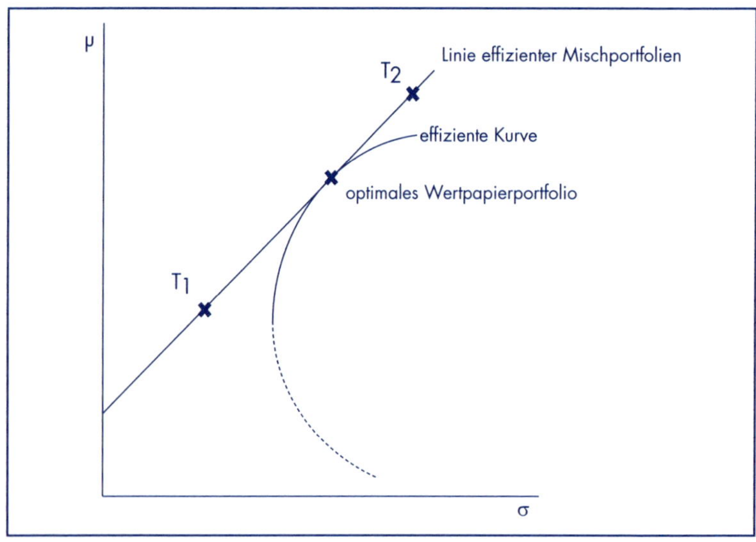

Abbildung 14: Tobinsches Separationstheorem

Welchen Punkt ein Anleger entlang der Linie effizienter Mischportfolien tatsächlich realisiert, hängt von seiner persönlichen Nutzenfunktion ab, in die dann μ und σ als Variablen mit eingehen. Da wir an dieser Stelle keine mikroökonomische Analyse von Nutzenfunktionen vornehmen wollen, sei für das Zustandekommen von

Tangentiallösungen (wie T_1 oder T_2) zwischen der Linie effizienter Mischportfolien und den individuellen Nutzenfunktionen auf die einschlägige Literatur verwiesen.[49]

Die Risikopräferenz des Anlegers, die in seinen Nutzenfunktionen und damit in der Realisierung von Portfolien zum Ausdruck kommt, die vom optimalen Wertpapierportfolio abweichen einerseits und die Zusammensetzung des optimalen Wertpapierportfolios andererseits sind voneinander völlig unabhängig. Das ist die Kernaussage des Tobinschen Separationstheorems.

So elegant diese Lösung aussieht, so basiert sie doch auf einigen durchaus fragwürdigen Annahmen:

- Die Annahme eines vollkommenen Kapitalmarktes ist eine typische Elfenbeinturm-Annahme. De facto lässt sich in der Realität nirgends Kapital ohne jegliche Begrenzung anlegen oder aufnehmen. Zudem sind unterschiedlich hohe Anlage- und Kreditbeträge meist mit unterschiedlich hohen Zinsen verknüpft. Und wir haben unter 2.1.3 bereits auf die Problematik von Kreditlimitierungen hingewiesen.
- Die Existenz einer risikofreien Anlage, bei der gerne auf Staatsanleihen verwiesen wird, ist ebenfalls ein rein theoretisches Konstrukt. Die Vergangenheit hat deutlich gezeigt, dass auch Staaten ein substanzielles Zahlungsausfallrisiko aufweisen. Als Beispiele seien hierbei genannt:
  - Argentinien (2002, 2014)
  - Belize (2012)
  - Deutschland (1923, 1945)
  - Griechenland (2010)
  - Island (2008)
  - Neufundland (1933)
  - Puerto Rico (2015)
  - Russland (1918, 1998)

Die Beispiele zeigen, dass bei weitem nicht nur Südamerika oder Afrika als „Risikostaaten“ zu sehen sind. Gerade in der Folge der Finanz-, Euro- und Staatsschuldenkrise haben nur massive Anstrengungen der Notenbanken der industrialisierten Länder verhindert, dass aus Island und Griechenland Dominoeffekte erwachsen und weitere, für die Weltwirtschaft weitaus bedeutendere Länder in die Insolvenz rutschen. Ob diese Gefahr aber tatsächlich schon gebannt ist, scheint angesichts der nach wie vor sehr hohen Staatsschuldenquoten fraglich:

[49] bspw. Fehl, U./Oberender, P., Grundlagen der Mikroökonomie, 9. Aufl. (2004); Woll, A., Volkswirtschaftslehre, 16. Aufl. (2011), Mankiw, N. G./ Taylor, M. P., Grundzüge der Volkswirtschaftslehre, 5. Aufl. (2012).

Land	in Prozent des BIP[50]							
	2005	2010	2015	2020	2021	2022	2023e	2024e
Deutschland	**67,3**	**82,4**	**72,1**	**68,0**	**68,6**	**67,4**	**66,3**	**65,4**
Belgien	95,1	100,3	105,2	112,0	109,2	106,2	107,9	108,6
Estland	4,7	6,6	10,0	18,5	17,6	18,7	19,3	21,9
Finnland	39,9	46,9	63,6	74,8	72,4	70,7	72,0	73,3
Frankreich	67,4	85,3	95,6	115,0	112,8	111,7	110,8	110,2
Griechenland	107,4	146,2	175,9	206,3	194,5	171,1	161,9	156,9
Irland	26,1	86,0	76,7	58,4	55,4	44,7	41,2	39,3
Italien	106,6	119,2	135,3	154,9	150,3	144,6	143,6	142,6
Kroatien	41,3	57,8	84,3	87,0	78,4	70,0	67,2	68,0
Lettland	11,9	48,1	37,3	42,0	43,6	42,4	44,0	43,6
Litauen	17,6	36,3	42,6	46,3	43,7	38,0	41,0	39,9
Luxemburg	8,0	20,2	22,0	24,5	24,5	24,3	26,0	26,3
Malta	70,0	67,5	58,0	53,3	56,3	57,4	59,9	60,6
Niederlande	49,8	59,2	64,6	54,7	52,4	50,3	52,4	53,2
Österreich	68,6	82,7	84,9	82,9	82,3	78,5	76,6	74,9
Portugal	72,2	100,2	131,2	134,9	125,5	115,9	109,1	105,3
Slowakei	34,7	41,0	51,9	58,9	62,2	59,6	57,4	57,4
Slowenien	26,4	38,3	82,6	79,6	74,5	69,9	69,6	68,8
Spanien	42,4	60,5	99,3	120,4	118,3	114,0	112,5	112,1
Zypern	63,4	56,4	107,5	113,5	101,0	89,6	84,0	77,7
Euroraum	70,3	86,0	93,0	99,0	97,1	93,6	92,3	91,4
Bulgarien	26,6	15,4	26,0	24,5	23,9	22,5	23,6	25,6
Dänemark	37,4	42,6	39,8	42,2	36,6	33,7	32,8	32,1
Polen	46,6	53,5	51,3	57,2	53,8	51,3	52,9	54,2
Rumänien	15,9	29,6	37,8	46,9	48,9	47,9	47,3	47,6
Schweden	49,0	38,1	43,9	39,5	36,3	32,1	29,4	28,5
Tschechien	27,9	37,4	40,0	37,7	42,0	42,9	44,2	44,5

[50] Bundesfinanzministerium, Stand Januar 2023; e = erwartet.

Land	in Prozent des BIP[50]							
	2005	2010	2015	2020	2021	2022	2023e	2024e
Ungarn	60,6	80,6	76,2	79,3	76,8	76,4	75,2	75,1
EU	67,1	80,7	86,6	91,5	89,4	86,0	84,9	84,1
Vereinigtes Königreich	39,6	74,6	86,9	105,6	105,6	103,0	101,1	101,8
USA	65,4	95,4	104,7	131,8	127,0	122,8	124,7	127,0
Japan	176,8	207,9	231,6	259,4	262,5	263,9	258,8	255,0

Tabelle 53: Ausgewählte Staatsschuldenquoten

4.4 Capital Asset Pricing-Modell – der „richtige" Kapitalzinsfuß

Jede Investition birgt gewisse Risiken. Gemäß Markowitz bietet ein diversifiziertes Portfolio höhere Chancen und geringere Risiken und ist insgesamt effizienter. Das Capital Asset Pricing-Modell (CAPM) versucht zu erklären, wie man risikobehaftete Investitionen bewerten kann und welcher Teil des gesamten Risikos nicht durch Diversifikation bzw. Risikostreuung – wie wir es bei den Betrachtungen zu Markowitz erläutert haben – zu beseitigen ist.

Das Modell stellt Abhängigkeiten von Einflussgrößen auf die zu erwartende Rendite einer Investition dar. Das CAPM findet oft bei Unternehmensbewertungen für die Bestimmung risikogerechter Diskontierungszinssätze (Kapitalkosten) Anwendung. Es spielt in der Portfoliotheorie bei Entscheidungen über die Auswahl aus risikobehafteten und nicht risikobehafteten Wertpapieren als eine Möglichkeit finanzieller Investitionen eine wichtige Rolle.

Grundsätzlich sind Investitionsentscheidungen zum Kauf von Wertpapieren alleine von der zu erwarteten Rendite und den Risiken, die der Investor dafür eingehen muss, abhängig. Bisher sind wir von einem gegebenen Kapitalzinsfuß ausgegangen, der den Opportunitätskosten des Kapitals, also der Rendite der nächstbesten Alternativinvestition entsprach. Diese vereinfachende Annahme wird im CAPM aufgehoben, und es wird nach dem „richtigen" Zinsfuß zum Zwecke der Kapitalwertermittlung gesucht. Der Kapitalzinsfuß wird damit zur zu ermittelnden Variablen.

Die Portfolio Selection-Theorie hat gezeigt, dass durch eine Wertpapiermischung (Diversifikation) das Portfoliorisiko gesenkt werden kann. Laut empirischen Untersuchungen reicht bereits eine geringe Anzahl (ca. 10) an nicht vollständig miteinander korrelierten Wertpapieren, um den größten Teil der Risikominderung abzubilden. Weitere Wertpapiere senken das Portfoliorisiko nur geringfügig. Eine vollständige Eliminierung des Risikos ist nur in extremen Ausnahmefällen möglich. In der Regel verbleibt ein Restrisiko des Portfolios für den Anleger, das dieser zu tragen hat:

- Den Teil des Risikos, der durch Diversifikation gesenkt werden kann, bezeichnet man als unsystematisches Risiko. Dieser Teil kann durch Diversifikation eliminiert werden.
- Den Teil des Risikos, der auch durch Diversifikation nicht zu eliminieren ist, bezeichnet man als systematisches Risiko. Auf diese Risiken, zu denen beispielsweise die gesamtwirtschaftliche Entwicklung oder auch politische Rahmenbedingungen zählen, hat der Anleger normalerweise keinen Einfluss.

Mathematisch wird das systematische Risiko mit dem so genannten β-Faktor einer Investition erfasst:

$$\beta_i = \frac{\operatorname{cov}(r_i;\ r_M)}{\sigma_M^2} \quad \text{mit} \quad \operatorname{cov}(r_i;\ r_M) = \rho_{i;M} * \sigma_i * \sigma_M$$

- Ändert sich der Wert der Anlage i um 1 %, wenn der Markt (bzw. das Marktportfolio) sich um 1 % ändert, so ist der β-Faktor der Investition i gleich eins. Das Wertpapier läuft mit dem Markt.
- Ändert sich der Wert der Anlage i mehr 1 %, wenn der Markt (bzw. das Marktportfolio) sich um 1 % ändert, so ist der β-Faktor der Investition i größer als eins. Das Wertpapier läuft dem Markt voraus.
- Ändert sich der Wert der Anlage i um weniger als 1 %, wenn der Markt (bzw. das Marktportfolio) sich um 1 % ändert, so ist der β-Faktor der Investition i kleiner als eins. Das Wertpapier läuft dem Markt nach.

4.4.1 Kapitalmarktlinie

Das CAPM geht von einigen Grundannahmen aus, die ein Funktionieren des Modells sicherstellen:

- Homogene, also gleichförmige, Erwartungen aller Marktteilnehmer, d. h. alle haben die gleichen Informationen und Erwartungen hinsichtlich Handlungsalternativen und möglichen Schlussfolgerungen, die daraus zu ziehen sind.
- Vollkommener Kapitalmarkt, d. h. jeder beliebige Betrag kann zum risikofreien Zins angelegt oder aufgenommen werden,

- Vollkommene oder auch atomistische Konkurrenz, d. h. Aktionen eines einzelnen Marktteilnehmers ändern die Rahmendaten des Marktes nicht.
- Einperiodige Betrachtung.
- Normalverteilte Wertpapierrenditen.
- Risikoaversion des Investors bzw. Anlegers (vgl. 4.1.4).

Aufbauend auf dem Tobinschen Separationstheorem (4.3.3) nutzen wir die dortige Ausgangssituation als Grundlage, wobei wir die Linie effizienter Mischportfolien in „Kapitalmarktlinie" umbenennen.

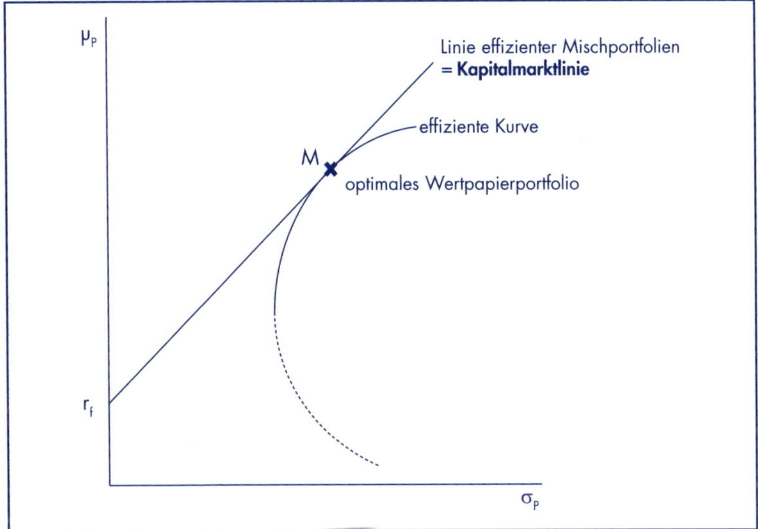

Abbildung 15: Kapitalmarktlinie

Unter den getroffenen Annahmen ist außer dem optimalen Portfolio M jedes andere Portfolio entlang der effizienten Linie bedeutungslos, da ein rationaler Anleger durch die Nutzung des vollkommenen Kapitalmarktes jederzeit bei gleichem Risiko einen höheren Erwartungswert μ_p für die Rendite seines Portfolios realisieren könnte.

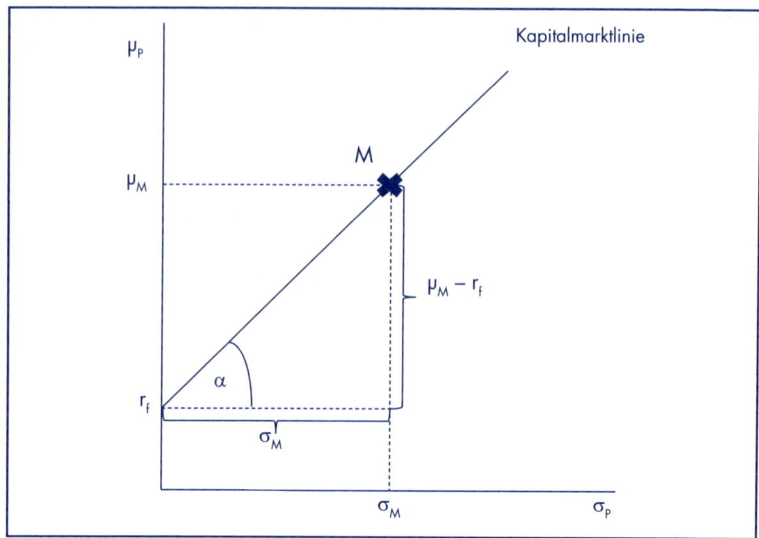

Abbildung 16: Steigung der Kapitalmarktlinie

Die Gleichung der Kapitalmarktlinie lässt sich am einfachsten geometrisch ermitteln, indem man den linearen Verlauf als Startpunkt nimmt:

$$\mu_P = r_f + a * \sigma_p$$

r_f ist dabei der Achsenabschnitt auf der Ordinate, der bei einem Risiko von Null eintritt, also dann, wenn der Anleger ausschließlich in die auf diesem gedanklichen Kapitalmarkt jederzeit verfügbaren risikofreien Wertpapiere investiert. „a" ist dabei die zu bestimmende Steigung der Kapitalmarktlinie. Diese ist aus der obigen Grafik wie folgt abzuleiten:

$$a = \tan\alpha = \frac{\text{Gegenkathete}}{\text{Ankathete}}$$

$$a = \frac{\mu_M - r_f}{\sigma_M}$$

woraus sich durch Einsetzen in die obige allgemeine Gleichung der Kapitalmarktgeraden ihre endgültige Gleichung ergibt:

$$\mu_P = r_f + (\mu_M - r_f) * \frac{\sigma_P}{\sigma_M}$$

4.4.2 Wertpapierlinie

Um nun zu bestimmen, wie hoch die Rendite einzelner Investitionen, beispielsweise einer einzelnen Aktie oder eines anderen Wertpapiers, für den Anleger ausfällt, ist der Schritt zur Wertpapierlinie notwendig. Für die zu beurteilende Investition wird ein theoretisches neues Portfolio mit einem Anteil x_i des zu beurteilenden Wertpapieres und $(1 - x_i)$ des optimalen Portfolios M „gebaut". Es gilt dann für den Erwartungswert des Portfolios:

$$\mu_P = x_i * \mu_i + (1 - x_i) * \mu_M$$

Die Änderung des Erwartungswertes des neuen Portfolios ergibt sich damit als:

$$\frac{d\mu_P}{dx_i} = \mu_i + \mu_M$$

Die Varianz des veränderten Portfolios ergibt sich als:

$$\sigma_i = \sqrt{x_i^2 * \sigma_i^2 + (1 - x_i)^2 * \sigma_M^2 + 2 * x_i * (1 - x_i) * \text{cov}(r_i;\ r_M)}$$

Leitet man die Varianz σ_i nach dem Anteil x_i ab, so resultiert daraus:

$$\frac{d\sigma_i}{dx_i} = \frac{2 * x_i * \sigma_i^2 - 2 * \sigma_M^2 + 2 * x_i * \sigma_M^2 + 2 * (1 - 2 * x_i) * \text{cov}(r_i;\ r_M)}{2 * \sqrt{x_i^2 * \sigma_i^2 + (1 - x_i)^2 * \sigma_M^2 + 2 * x_i * (1 - x_i) * \text{cov}(r_i;\ r_M)}}$$

Im ursprünglichen Marktgleichgewicht im Punkt M gilt: $x_i = 0$, so dass sich die Ableitung vereinfacht:

$$\frac{d\sigma_i}{dx_i} = \frac{\text{cov}(r_i;\ r_M) - \sigma_M^2}{\sigma_M}$$

Setzt man nun die Ableitung des Portfolioerwartungswertes und die Ableitung der Wertpapiervarianz zueinander in Relation, so erhält man:

$$\frac{\frac{d\mu_P}{dx_i}}{\frac{d\sigma_i}{dx_i}} = \frac{\mu_i + \mu_M}{\frac{\text{cov}(r_i;\ r_M) - \sigma_M^2}{\sigma_M}}$$

Im Gleichgewicht muss das der Steigung der Kapitalmarktgeraden entsprechen:

$$\frac{\sigma_M * (\mu_i + \mu_M)}{\text{cov}(r_i;\ r_M) - \sigma_M^2} = \frac{\mu_M - r_f}{\sigma_M}$$

Löst man die Gleichung nach μ_i auf, so ergibt sich:

$$\mu_i = \mu_M + \frac{(\mu_M - r_f) * \left[\text{cov}(r_i;\ r_M) - \sigma_M^2\right]}{\sigma_M^2} \text{bzw.}$$

$$\mu_i = \mu_M + (\mu_M - r_f) * \left(\frac{\text{cov}(r_i;\ r_M)}{\sigma_M^2} - 1\right).$$

Definiert man nun das Risikomaß β wie in 4.4, so erhält man die Gleichung der Wertpapierlinie:

$$\mu_i = r_f + (\mu_M - r_f) * \beta_i$$

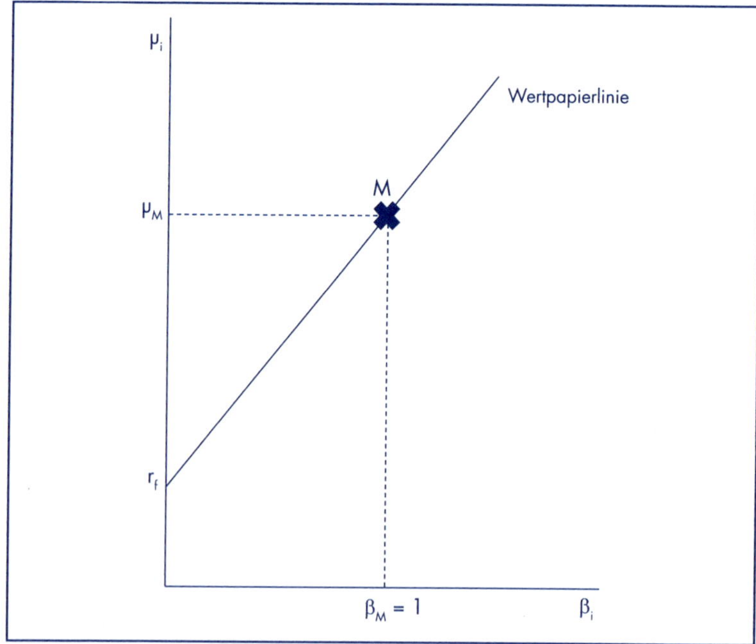

Abbildung 17: Wertpapierlinie

4.4.3 Marktbewertungslinie

In der Gleichung der Wertpapierlinie ist μ_i der Erwartungswert für die Verzinsung der möglichen Mischportfolien. Damit ist μ_i der aus dem CAPM abgeleitete Kapitalzinsfuß, mit dem sich eine Investition nach dem bekannten Muster der Kapitalwertmethode (vgl. 3.3.1) beurteilen lässt:

$$K_0 = BAZÜ_0 + \sum_{t=1}^{n} \frac{BEZÜ_t}{\left[1+(\mu_i)\right]^t} = BAZÜ_0 + \sum_{t=1}^{n} \frac{BEZÜ_t}{\left[1+\left(r_f+(\mu_M - r_f)*\beta_i\right)\right]^t}$$

Grafisch lässt sich das so darstellen, dass die Wertpapierlinie in eine so genannte Marktbewertungslinie überführt wird. Investitionen oberhalb der Marktbewertungslinie haben einen höheren internen Zinsfuß als μ_i bzw. einen positiven Kapitalwert. Investitionen unterhalb der der Marktbewertungslinie haben einen niedrigeren internen Zinsfuß als μ_i bzw. einen negativen Kapitalwert.

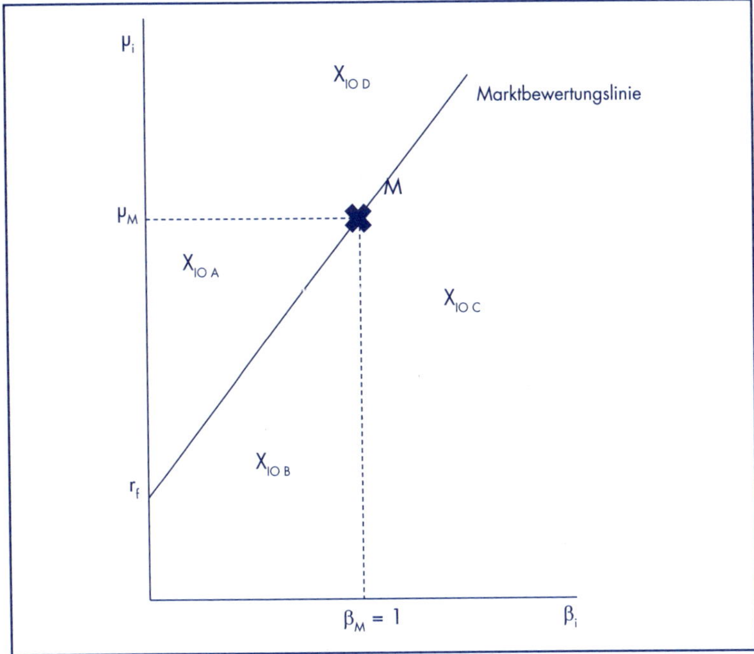

Abbildung 18: Marktbewertungslinie

Beispiel:
Gegeben sei eine einperiodige Investition, die einen BAZÜ in t0 von –5.000.000 € und in t1 einen BEZÜ von 8.000.000 € aufweist. Die Rendite von 10-jährigen Bundesanleihen als Referenzgröße für den risikofreien Zins liege bei 0,25 %, die erzielbare Rendite eines risikostrukturierten Marktportfolios liege bei 3,0 %. Die Investition soll voll eigenkapitalfinanziert werden, steuerliche Aspekte bleiben der Einfachheit halber außer Betracht. Der β-Faktor des Wertpapiers liege bei 0,8.

Damit errechnet sich ein Erwartungswert für die Rendite möglicher Mischportfolien von:

$$\mu = 0,0025 + (0,03 - 0,0025) * 0,8 = 0,0245$$

Dieser Erwartungswert von 2,45 % entspricht dann dem Kapitalzinsfuß, anhand dessen die Investition zu beurteilen ist:

$$K_0 = -5.000.000\ € + \frac{8.000.000\ €}{1 + 0,0245} = 2.808.687,16\ €$$

Der Kapitalwert ist positiv und höher als der bei einer Anlage zum risikofreien Zins von 0,25 %, so dass die Investition zu empfehlen ist.

Die Grundidee des CAPM ist durchaus nachvollziehbar und hat in der Praxis, gerade im Finanzsektor, mittlerweile eine breite Akzeptanz gefunden. Marktinformationssysteme stellen Analysten und Anlageberatern β-Faktoren bereit, mit denen gerne gearbeitet wird, wie man nahezu jeder Unternehmensbewertung entnehmen kann, die von den begleitenden Konsortialbanken anlässlich des Börsenganges von Unternehmen erstellt werden. Dennoch ist das CAPM zumindest in einigen Punkten kritisch zu beäugen:

- Der vollkommene Kapitalmarkt ist eine typische „Elfenbeinturm"-Annahme, die fernab jeglicher Realität ist. Wir haben auf diese Thematik bereits an früherer Stelle dieses Buches (vgl. 3.1.1 oder 3.1.3) hingewiesen. Aber ohne eine Kapitalmarkt-, Wertpapier- oder Marktbewertungslinie ist keine eindeutige Lösung für das optimale Marktportfolio M sichergestellt.
- Die Annahme der Existenz einer risikofreien Anlage ist ein theoretisches Konstrukt. In älteren Lehrbüchern findet man dabei gerne den Hinweis auf Staatsanleihen. Doch spätestens seit der Finanzkrise sollte klar sein, dass diese Annahme nicht ohne weiteres haltbar ist (vgl. 4.3.3), selbst innerhalb eines einheitlichen Währungsraumes wie dem Euro.
- Beim CAPM wird von homogenen Erwartungen und Planungskonsistenz ausgegangen, was in der Realität so nicht gegeben ist.

Jeder Investor hat aufgrund seiner Individualität und seinem Wissensstand unterschiedliche Erwartungen an eine Investition und ihre zu erwartende Rendite. Er entscheidet sowohl subjektiv als auch objektiv über die von ihm geplante Investition.

- Reale Kapitalmärkte befinden in der Regel nicht im Gleichgewicht. Vielmehr wandern sie mit dem Aufkommen täglich neuer Informationen, die in den Wertpapierkursen an den Börsen verarbeitet werden, von einem Gleichgewicht zu einem neuen. Damit steht in der Praxis aber auch die Annahme der Einperiodigkeit in Frage. Über diese Annahme wird in der Praxis einfach hinweggesehen. Unternehmensbewertungen, sei es anlässlich der genannten Börsengänge oder Eigentumsübertragungen (Unternehmensverkäufe) erfolgen immer auf der Basis umfangreicherer Zeitfenster mit Prognosen, die zum Teil deutlich in die Zukunft reichen.
- Marktinformationssysteme (bspw. Bloomberg oder Reuters) kalkulieren β-Faktoren auf der Basis umfangreicher Vergangenheitsdaten. Daraus ergibt sich in der Praxis ein weiteres Problem: Werden bei einer Unternehmensbewertung β-Faktoren genutzt, die aus Vergangenheitsdaten ermittelt wurden, um einen Unternehmenswert aus prognostizierten Zukunftsdaten zu berechnen, so kann es durch die fälschliche Extrapolation der Vergangenheitsdaten zu einer Fehlerkumulation kommen.
- Hinzu kommen so genannte Kapitalmarktanomalien. Das sind unerwartete und durch β-Faktoren nicht erklärbare positive oder negative Renditeausschläge. Der Kleinfirmeneffekt beschreibt die Tatsache, dass in bestimmten Vergangenheitsperioden kleine Unternehmen (Small Caps) eine höhere risikoadjustierte Rendite aufweisen als Mid Caps oder Big Caps. Allerdings ist der Effekt nicht zu Prognosezwecken zu gebrauchen. Der Valueeffekt hingegen setzt auf Substanzwerte, die anhand von bilanziellen Kennzahlen zusammen mit einem nachhaltigen Geschäftsmodell Unterbewertungen aufzudecken versucht und so überdurchschnittliche Renditen generieren soll. Der Januareffekt beschreibt eine (zumeist steuerlich bedingte) regelmäßige Outperformance von börsennotierten Unternehmen im Januar, verglichen mit dem restlichen Kalenderjahr. Der aus der Behavioral Finance stammende Momentumeffekt hingegen setzt auf die Vorteilhaftigkeit der Trendfolge nach dem Muster: Kaufe steigende und verkaufe fallende Aktien.
- Ein weiterer Kritikpunkt ist die implizite Annahme, dass das Marktportfolio alle risikobehafteten Anlagen enthalten soll. Es stellt sich hier aber die Frage, was denn genau darin enthalten sein soll? Aktien ? Corporate Bonds ? Genussscheine ? Realinvestitionen? Aus Deutschland, aus der EU oder gar weltweit ? In der Praxis, beispielsweise bei Börsengängen, werden oft β-Faktoren genutzt, die für den CDAX berechnet wurden, sprich das Markt-

portfolio wird auf deutsche Aktien begrenzt. Ein allumfassendes Marktportfolio ist alleine aus Praktikabilitätserwägungen nicht darstellbar. Beschränkt man das Marktportfolio aber auf einen Teilbereich, so kann das CAPM auch nur für diesen Teilbereich Lösungen zur Risikoeffizienz bieten.

- Elementar in der Kritik zum CAPM sehen wir die Frage: Wenn das Marktportfolio tatsächlich alle risikobehafteten Anlagen enthält, woher kommen dann überhaupt noch Investitionsmöglichkeiten mit einem von Null abweichenden Kapitalwert?

Trotz all dieser Kritikpunkte ist das CAPM weit verbreitet. Es findet Einsatz in der Aktienbewertung, der Performanceanalyse, Unternehmensbewertung, im Portfoliomanagement und insgesamt als Hilfe bei der Entscheidung und Bewertung von Investitionsprojekten mit dem Ziel einer höchstmöglichen Rendite bei abwägbarem Risiko. Der wesentliche Grund dafür ist, dass das CAPM quasi der berühmte „Einäugige unter den Blinden" ist, denn trotz der genannten Mängel bieten andere Modelle keine besseren Ergebnisse. Das CAPM bleibt damit auch weiterhin ein wichtiges Instrument zur Untersuchung der Beziehungen zwischen Rendite und Risiko bei Investitionsentscheidungen besonders im Aktien- und Investmentfondsbereich. Es ist allerdings kritisch zu sehen als Instrument für Bewertungen nicht börsennotierter Unternehmen, vor allem bei der Bestimmung der Kapitalkosten.

4.5 Übungsaufgaben

Aufgabe 1

Ein Produktionsunternehmen plant ein neues Werk, in dem entweder die Produktionslinie A oder die Produktionslinie B gefahren werden kann. Eine Mischung der beiden Produktionslinien ist aus technischen Gründen nicht möglich.

Das Unternehmen hat bereits im Vorfeld eine Risikoanalyse durchgeführt und dabei für den Kapitalwert der beiden Produktionslinien folgende Wahrscheinlichkeitsverteilungen ermittelt.

Wahrscheinlichkeit p	**10%**	**60%**	**25%**	**5%**
K_0^A	100	50	30	–10
K_0^B	70	40	50	–5

a. Der Vorstand sei risikoneutral, entscheidet sich also nur anhand des Erwartungswertes μ. Wie fällt seine Entscheidung aus?
b. Angenommen, die Risikopräferenzfunktion des Vorstandes sei mit $\Phi = \mu - 1{,}25 * \sigma$ bekannt. Erläutern Sie kurz die Risikopräferenz des Vorstandes in diesem Fall und berechnen Sie seine Entscheidungsgrundlage.

Musterlösung

a.
$$\mu_A = 0{,}1*100 + 0{,}6*50 + 0{,}25*30 + 0{,}05*(-10)$$
$$= 10 + 30 + 7{,}5 - 0{,}5 = 47$$

$$\mu_B = 0{,}1*70 + 0{,}6*40 + 0{,}25*50 + 0{,}05*(-5)$$
$$= 7 + 24 + 12{,}5 - 0{,}25 = 43{,}25$$

$\mu_A > \mu_B$, also Entscheidung für Produktionslinie A

b.
$$\sigma_A^2 = 0{,}1*(100-47)^2 + 0{,}6*(50-47)^2 + 0{,}25*(30-47)^2$$
$$+ 0{,}05*(-10-47)^2$$
$$= 280{,}9 + 5{,}4 + 72{,}25 + 162{,}45 = 521$$

$\sigma_A = 22{,}83$[51]

$$\sigma_B^2 = 0{,}1*(70-43{,}25)^2 + 0{,}6*(40-43{,}25)^2 + 0{,}25*(50-43{,}25)^2$$
$$+ 0{,}05*(-5-43{,}25)^2$$
$$= 71{,}55625 + 6{,}3375 + 11{,}390625 + 116{,}403125 = 205{,}6875$$

$\sigma_B = 14{,}34$[28]

$\Phi_A = 47 - 1{,}25 * 22{,}83 = 18{,}46$[28]

$\Phi_B = 43{,}25 - 1{,}25 * 14{,}34 = 25{,}33$[28]

$\Phi_A < \Phi_B$, also Entscheidung für Produktionslinie B

[51] Auf zwei Nachkommastellen gerundet

Aufgabe 2

Gegeben seien drei Investitionsalternativen, die mit folgenden Wahrscheinlichkeiten bestimmte Kapitalwerte erreichen:

Wahrscheinlichkeit p	20%	40%	40%
Investition 1	2.000 €	3.000 €	3.000 €
Investition 2	2.000 €	8.000 €	3.000 €
Investition 3	6.000 €	8.000 €	1.000 €

a. Wie beurteilen Sie die Investitionen nach der Erwartungswert-Regel. Welche Probleme ergeben sich daraus in diesem Fall?

b. Wie beurteilen Sie die gleichen Investitionen nach dem (μ; σ)-Prinzip, wenn der Investor risikoscheu mit einem Faktor a = –0,2 ist? Welchen Vorteil hat dieses Entscheidungsprinzip im Vergleich zur Erwartungswert-Regel? Erläutern Sie kurz die Probleme, die bei der Ermittlung des Faktors a für die Verwendung in einer Risikopräferenzfunktion Φ auftreten können.

Musterlösung

a. $$\mu_1 = 0{,}2 * 2.000\ € + 0{,}4 * 3.000\ € + 0{,}4 * 3.000\ € \\ = 400\ € + 1.200\ € + 1.200\ € = 2.800\ €$$

$$\mu_2 = 0{,}2 * 2.000\ € + 0{,}4 * 8.000\ € + 0{,}4 * 3.000\ € \\ = 400\ € + 3.200\ € + 1.200\ € = 4.800\ €$$

$$\mu_3 = 0{,}2 * 6.000\ € + 0{,}4 * 8.000\ € + 0{,}4 * 1.000\ € \\ = 1.200\ € + 3.200\ € + 400\ € = 4.800\ €$$

$$\mu_1 < \mu_2 = \mu_3$$

Investition 2 und 3 werden anhand des Kriteriums Erwartungswert gleich beurteilt. Das Risiko in Form der Abweichungen vom Mittelwert wird nicht berücksichtigt. Implizit wird bei der Verwendung der Erwartungswert-Regel eine Risikoneutralität des Anlegers unterstellt.

b. $$\sigma_1^2 = 0{,}2 * (2.000\ € - 2.800\ €)^2 + 0{,}4 * (3.000\ € - 2.800\ €)^2 + \\ 0{,}4 * (3.000\ € - 2.800\ €)^2 \\ = 128.000\ €^2 + 16.000\ €^2 + 16.000\ €^2 = 160.000\ €^2$$

$$\sigma_1 = 400\ €$$

$$\sigma_2^2 = 0{,}2 * (2.000\text{ €} - 4.800\text{ €})^2 + 0{,}4 * (8.000\text{ €} - 4.800\text{ €})^2$$
$$+0{,}4 * (3.000\text{ €} - 4.800\text{ €})^2$$
$$= 1.568.000\text{ €}^2 + 4.096.000\text{ €}^2 + 1.296.000\text{ €}^2 = 6.960.000\text{ €}^2$$

$$\sigma_2 = 2.638{,}18\text{ €}$$

$$\sigma_3^2 = 0{,}2 * (6.000\text{ €} - 4.800\text{ €})^2 + 0{,}4 * (8.000\text{ €} - 4.800\text{ €})^2$$
$$+ 0{,}4 * (1.000\text{ €} - 4.800\text{ €})^2$$
$$= 288.000\text{ €}^2 + 4.096.000\text{ €}^2 + 5.776.000\text{ €}^2 = 10.160.000\text{ €}^2$$

$$\sigma_3 = 3.187{,}48\text{ €}$$

$$\Phi_1 = 2.800\text{ €} - 0{,}2 * 400\text{ €} = 2.720\text{ €}$$

$$\Phi_2 = 4.800\text{ €} - 0{,}2 * 2.638{,}18\text{ €} = 4.272{,}36\text{ €}$$

$$\Phi_3 = 4.800\text{ €} - 0{,}2 * 3.187{,}48\text{ €} = 4.162{,}50\text{ €}$$

$\Phi_1 < \Phi_3 < \Phi_2$, also Entscheidung für Investition 2

Das Risikopräferenzmodell berücksichtigt im Gegensatz zur Erwartungswert-Regel das Risiko einer Investition in Form der Abweichungen vom Mittelwert.

Problematisch ist eine verlässliche Ermittlung der Variablen a, die angibt, ob ein Investor risikoneutral, risikoscheu oder risikofreudig ist. Der Faktor ist grundsätzlich subjektiv und kann zu verschiedenen Zeitpunkten oder in verschiedenen Situationen selbst bei ein und derselben Person unterschiedlich ausfallen. Eine verlässliche objektive Ermittlung durch Dritte ist so gut wie ausgeschlossen.

Aufgabe 3

Es stehen zwei riskante Wertpapiere zur Anlage zur Auswahl. Die erreichbaren Renditen seien jeweils mit gleicher Wahrscheinlichkeit erzielbar, so dass wir folgende Basisübersicht haben:

Umweltzustand	**1**	**2**	**3**	**4**
Wertpapier A	12%	18%	13%	17%
Wertpapier B	16%	24%	22%	18%

a. Ermitteln Sie die erwarteten Renditen der beiden Wertpapiere.

b. Ermitteln Sie die Varianzen und die Standardabweichungen der beiden Wertpapiere.
c. Ermitteln Sie die Kovarianz und den Korrelationskoeffizienten.
d. Welche Anteile von Wertpapier A und B weist das risikominimale Portfolio auf?
e. Berechnen Sie den Erwartungswert und die Standardabweichung des risikominimalen Portfolios.

Musterlösung

a. $\mu_A = 0,25 * (0,12 + 0,18 + 0,13 + 0,17) = 0,25 * 0,6 = 0,15 = 15\ \%$

$\mu_B = 0,25 * (0,16 + 0,24 + 0,22 + 0,18) = 0,25 * 0,8 = 0,2 = 20\ \%$

b. $$\sigma_A^2 = 0,25 * \begin{bmatrix} (0,12 - 0,15)^2 + (0,18 - 0,15)^2 + (0,13 - 0,15)^2 \\ +(0,17 - 0,15)^2 \end{bmatrix}$$

$$\sigma_A^2 = 0,25 * (0,0009 + 0,0009 + 0,0004 + 0,0004) = 0,25 * 0,0026 \\ = 0,00065$$

$$\sigma_A = \sqrt{\sigma_A^2} = 0,025495097$$

$$\sigma_B^2 = 0,25 * \left[(0,16 - 0,2)^2 + (0,24 - 0,2)^2 + (0,22 - 0,2)^2 + (0,18 - 0,2)^2\right]$$

$$\sigma_B^2 = 0,25 * (0,00016 + 0,00016 + 0,0004 + 0,0004) = 0,25 * 0,004 \\ = 0,001$$

$$\sigma_B = \sqrt{\sigma_B^2} = 0,031622776$$

c. $$cov_{A,B} = 0,25 * \begin{bmatrix} (0,12 - 0,15) * (0,16 - 0,2) + (0,18 - 0,15) * (0,24 - 0,2) \\ +(0,13 - 0,15) * (0,22 - 0,2) + (0,17 - 0,15) * (0,18 - 0,2) \end{bmatrix}$$

$$cov_{A,B} = 0,25 * (0,0012 + 0,0012 - 0,0004 - 0,0004) \\ = 0,25 * 0,0016 = 0,0004$$

$$\rho_{A,B} = \frac{cov_{A,B}}{\sigma_A * \sigma_B} = \frac{0,0004}{0,025495097 * 0,031622776} = 0,496138958$$

d.

Für die varianzminimalen Portfolioanteile bedienen wir uns der Ableitung, die wir unter 4.3.2 hergeleitet haben und können den varianzminimalen Anteil x_A direkt berechnen:

$$x_A = \frac{\sigma_B^2 - \rho_{A,B} * \sigma_A * \sigma_B}{\sigma_A^2 + \sigma_B^2 - 2 * \rho_{A,B} * \sigma_A * \sigma_B} = \frac{\sigma_B^2 - cov_{A,B}}{\sigma_A^2 + \sigma_B^2 - 2 * cov_{A,B}}$$

$$= \frac{0{,}001 - 0{,}0004}{0{,}00065 + 0{,}001 - 0{,}0008} = 70{,}6\ \%$$

Da für das Portfolio gelten muss:

$$x_A + x_B = 1,$$

errechnet sich der varianzminimale Anteil x_B als:

$$x_B = 1 - x_A = 1 - 0{,}706 = 29{,}4\ \%$$

e.

Der Erwartungswert des Portfolios berechnet sich nach der Formel:

$$\mu_{Portfolio} = x_A * \mu_A + x_B * \mu_B = 16{,}5\ \%$$

Die Varianz des Portfolios können wir nach der Formel berechnen:

$$\sigma_{Portfolio}^2 = x_A^2 * \sigma_A^2 + x_B^2 * \sigma_B^2 + 2 * x_A * x_B * cov(r_A,\ r_B)$$
$$= 0{,}000576469$$

$$\sigma_{Portfolio} = \sqrt{\sigma_{Portfolio}^2} = 0{,}024009788$$

Aufgabe 4

Die risikolose Rendite betrage 4,0 %, die Marktrisikoprämie 4,5 %. Ermitteln Sie die erwartete Rendite eines Wertpapiers, dessen Betafaktor 0,8 beträgt.

Musterlösung

$$\mu = r_f + (\mu_M - r_f) * \beta = 0{,}04 + (0{,}045) * 0{,}8 = 7{,}6\ \%$$

Anmerkung: Die Marktrisikoprämie ist die Differenz aus der Marktrendite μ_M und dem risikofreien Zins r_f.

Aufgabe 5

Sie sollen als verantwortlicher Manager über folgende Projekte entscheiden:

a. $\mu_A = 3{,}0\ \%$ und $\text{cov}(A,M) = 0$

b. $\mu_B = 4{,}5\ \%$ und $\text{cov}(A,M) = 0{,}0016$

c. $\mu_C = 6{,}0\ \%$ und $\text{cov}(A,M) = 0{,}0064$

d. $\mu_D = 5{,}0\ \%$ und $\text{cov}(A,M) = 0{,}0026$

e. $\mu_E = 2{,}5\ \%$ und $\text{cov}(A,M) = 0{,}0002$

Wie fallen Ihre Entscheidungen aus, wenn die aktuellen Rahmenbedingungen wie folgt lauten:

- $\mu_M = 5{,}0\ \%$
- $\sigma_M = 4{,}0\ \%$
- $r_f = 2{,}0\ \%$

Zeichnen Sie schematisch (nicht maßstabsgetreu) die Lage der Projekte zur Marktbewertungslinie in ein geeignetes Diagramm.

Musterlösung

a. $$\beta = \frac{\text{cov}}{\sigma_M^2} = \frac{0}{0{,}0016} = 0$$

$$\mu_A = r_f + (\mu_M - r_f) * \beta = 0{,}02 + (0{,}05 - 0{,}02) * 0 = 0{,}02 = 2\%$$

Das Projekt ist abzulehnen.

b. $$\beta = \frac{\text{cov}}{\sigma_M^2} = \frac{0{,}0016}{0{,}0016} = 1$$

$$\mu_A = r_f + (\mu_M - r_f) * \beta = 0{,}02 + (0{,}05 - 0{,}02) * 1 = 0{,}05 = 5\ \%$$

Das Projekt sollte durchgeführt werden.

c. $$\beta = \frac{\text{cov}}{\sigma_M^2} = \frac{0{,}0064}{0{,}0016} = 4$$

$$\mu_A = r_f + (\mu_M - r_f) * \beta = 0{,}02 + (0{,}05 - 0{,}02) * 4 = 0{,}14 = 14\ \%$$

Das Projekt sollte durchgeführt werden.

d. $$\beta = \frac{cov}{\sigma_M^2} = \frac{0{,}0026}{0{,}0016} = 1{,}625$$

$$\mu_A = r_f + (\mu_M - r_f) * \beta = 0{,}02 + (0{,}05 - 0{,}02) * 1{,}625 = 0{,}06875 = 6{,}875\%$$

Das Projekt sollte durchgeführt werden.

e. $$\beta = \frac{cov}{\sigma_M^2} = \frac{0{,}0002}{0{,}0016} = 0{,}125$$

$$\mu_A = r_f + (\mu_M - r_f) * \beta = 0{,}02 + (0{,}05 - 0{,}02) * 0{,}125 = 0{,}02375 = 2{,}375\%$$

Projekt ist abzulehnen.

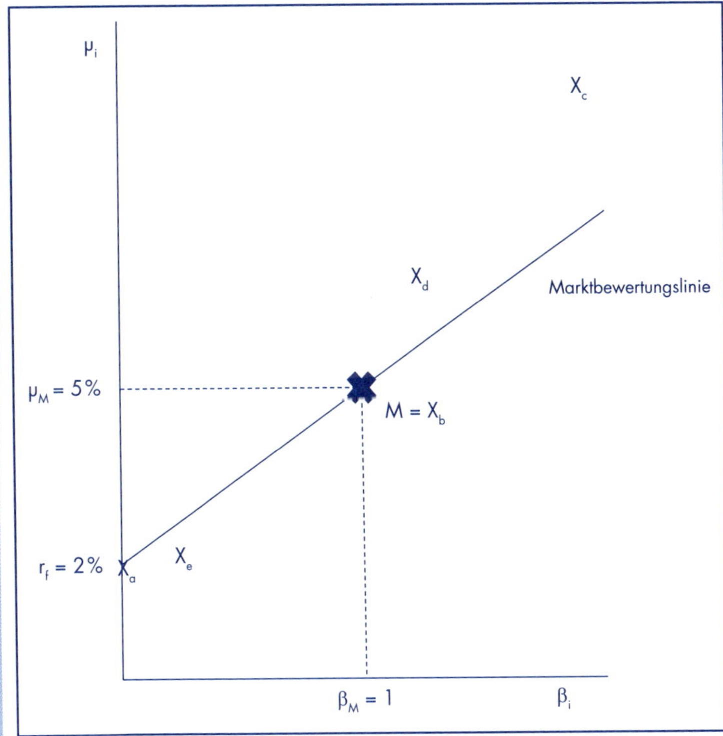

5 Zusammenfassung

Jeder Investor entscheidet auf der Basis von Daten aus dem Rechnungswesen, aufgrund betrieblicher Erfordernisse und persönlicher Präferenzen, wie er seine Liquidität verwenden möchte und welche Investitionen (Sachinvestitionen, wie Grundstücke und Gebäude, Finanzinvestitionen, wie Aktien und Wertpapiere, immaterielle Investitionen, wie Weiterbildung, Forschung und Entwicklung) er tätigen will.

Dabei wird die Entscheidung maßgeblich von der Liquidität, der Rentabilität, den Risiken, den persönlichen Vorlieben, dem Umfeld, den Mitbewerbern, den betrieblichen Erfordernissen und den staatlichen Gegebenheiten beeinflusst.

Investitionen sind oft eine Mischung verschiedener Investitionsarten wie

- Nettoinvestitionen (die der Verbesserung des Produktionsmittelbestandes dienen)
- Erstinvestitionen
- Erweiterungsinvestitionen (mit mehr Produktionsmitteln mehr produzieren)
- Reinvestitionen oder Ersatzinvestitionen (durch Verschleiß anfallende Investitionen)
- Diversifizierungsinvestitionen (z.B. Unternehmensbeteiligungen im Ausland)
- Rationalisierungsinvestitionen (bei gleicher Anzahl von Maschinen mehr zu produzieren oder mit weniger Maschinen die gleiche Menge produzieren)
- Umstellungsinvestitionen
- Desinvestitionen (Freisetzung von Mitteln über Umsatzgenerierung und die dadurch dem Unternehmen rückfließenden monetären Mittel)

Weitere Investitionsbegriffe sind Bruttoinvestitionen, Anlageinvestitionen, Gründungsinvestitionen, Forschungsinvestitionen, Umweltschutzinvestitionen, Fertigungsinvestitionen, Absatzinvestitionen, komplementäre Investitionen, Lagerinvestitionen bzw. Vorratsinvestitionen, Sozialinvestitionen, Verwaltungsinvestitionen, Renditeinvestitionen und Nichtrenditeinvestitionen, Inlandsinvestitionen und Auslandsinvestitionen, öffentliche und privaten Investitionen. In der Praxis gewinnen neben den meist längerfristigen Sach- und Finanzinvestitionen auch immaterielle Investitionen wie z.B. Personalentwicklung an Bedeutung. Eine Zuordnung zu genau einer Investitionsart kann daher nur in den seltensten Fällen erfolgen.

Es stellt sich die Frage welche Auswirkungen die Investitionen auf die betrieblichen Prozesse, auf Input, Output und auf Qualität, Quantität, Raum und Zeit haben. Komplexe Berechnungen der verschiedenen Methoden können zu einem an einen Optimalwert heranreichenden Wert für die Investitionsentscheidung führen.

Aus diesem Grunde ist eine Investition immer auch spekulativ und mit Risiken verschiedenster Art verbunden. Sicher ist – zumindest in den meisten Fällen – die Höhe der Auszahlung am Anfang einer Investition, während die Höhe der zu erzielenden Einzahlungen nicht genau bestimmt werden kann.

Sie ist eng daran geknüpft, was sich der Investor von der Investition erwartet.

Weiter stellt sich die Frage, ob die Investitionen aus Eigenmitteln, wie z.B. dem zur Verfügung stehenden Cashflow oder durch Fremdfinanzierung (Kosten hierfür müssen mitberücksichtigt werden) getätigt werden.

Bei einem vollkommenen Kapitalmarkt hätten die Finanzierungskosten keine Auswirkungen, da hier der Sollzinssatz dem Habenzinssatz entspricht. Diesen Spezialfall haben wir in mehreren Modellen angewendet, aber auch darauf hingewiesen, dass das eine sehr praxisferne Annahme ist.

Der Investor stellt sich immer die Frage, welche Auswirkungen seine Investitionsentscheidungen auf die betrieblichen Leistungs- und Produktionsmöglichkeiten und die vorhandenen Kapazitäten haben.

- Können durch die Investition Rationalisierungseffekte entstehen?
- Sind die Investitionen mit der Umweltpolitik vereinbar?
- Welche Auswirkungen haben sie auf die Wettbewerbssituation des Unternehmens und wie stärken sie die eigenen Marktposition?
- Wie wirken sie sich auf den Vertrieb und Verkauf aus?
- Was ist technisch machbar, wo bestehen Abhängigkeiten in den Produktionsprozessen?
- Wie schnell wirkt die Investition und wie rentabel ist sie?
- Wie vorteilhaft ist sie für den Betrieb (bestimmbar anhand der Realoptionsanalyse)?

Investitionsentscheidungen im operativen Geschäft haben meist langfristige strategische Bedeutungen. Aufgrund der oft langfristigen Kapitalbindung ist es schwierig, kurzfristig Entscheidungen zu revidieren und sich umzuorientieren. Die getätigten Investitionen brauchen Zeit, um zu wirken und sich in den betrieblichen Kennzahlen (Anlagenintensität, Vorratsintensität und Investitionsquote, eingesetztes Kapital, Nutzungsdauer, Rentabilität) niederzuschlagen (time-lag).

Gesamtwirtschaftlich betrachtet, können Investoren durch Nettoinvestitionen das Produktionspotenzial einer Volkswirtschaft erhöhen (Kapazitätseffekt) oder auf die Nachfrage und damit das Volkseinkommen positiv einwirken (Einkommenseffekt). Ein höheres Einkommen der Bevölkerung führt in der Folge zu einem höheren Gesamtkonsum und wirkt sich positiv auf die Infrastruktur aus.

Private Investoren bauen sich durch ihre Ersparnisse für ihre Zukunft Kapital in Form von Altersvorsorge und privaten Renten, Lebensversicherungen, Anleihen und Aktien, Sparverträgen und Beteiligungen auf. Dabei verfolgen sie das Ziel der Vermögensmehrung, immer mit einem Auge auf das damit verbundene Risiko.

Investitionen sind zinssensibel. Zinssenkungen führen typischerweise zu steigenden Investitionen und Zinssteigerungen dazu, dass weniger investiert wird. Ein steigendes Bruttoinlandsprodukt (BIP) führt zu steigenden Investitionen und dazu, dass die Bürger ein Teil ihres Lohnes sparen können, um diesen später zu reinvestieren.

Konjunkturelle Schwankungen wirken sich ebenfalls auf die Investitionstätigkeit des Staates aus. Im konjunkturellen Aufschwung werden vermehrt Investitionen getätigt, was Wirtschaftswachstum bedeutet und zusätzliches Einkommen produziert und in der Folge Arbeitsplätze schafft. Bei einem Konjunkturrückgang verringern sich auch die Investitionen. Der Staat hat hierbei verschiedene Möglichkeiten, konjunkturglättend aufzutreten, beispielsweise durch Subventionen (wie zum Beispiel durch die berühmt gewordene „Abwrackprämie“ oder durch zinsgünstige Darlehen von der Kreditanstalt für Wiederaufbau (KfW), welche die Investitionstätigkeit der öffentlichen und privaten Haushalte sowie von Unternehmen beeinflussen können.

Nur durch Investitionen können langfristig sowohl im privaten wie auch im öffentlichen Haushalt Gewinne erzielt und Chancen für langfristiges und beständiges Wirtschaftswachstum genutzt werden.

Der Staat kann durch Subventionierung und Investitionsanreize sowie durch eine positive Zinspolitik und indem er öffentliche Mittel zur Verfügung stellt, Anreize für Investitionen schaffen und damit die Wirtschaft ankurbeln. Investitionen in Forschung und Entwicklung, in Bildung und in das Gesundheitswesen sowie in das Verkehrswesen legen hier den Grundstein für eine der Demografie angepasste Zukunft mit hoher Investitionstätigkeit und langfristigem Wirtschaftswachstum.

Die mit der Inflation einhergehenden steigenden Zinsen haben hier sowohl Unternehmen als auch privaten und öffentlichen Haushalten einen klaren Strich durch ihre bisherigen Rechnungen gemacht. Besonders der Bausektor ist sowohl durch die Preissteigerungen und durch die abnehmende private Nachfrage durch die höheren Bauzinsen schwer gebeutelt. Aber auch andere Branchen leiden unter den gestiegenen Zinsen.

Auf die Berechnungen bei Investitionsentscheidungen wirken der Kalkulationszinssatz, der Barwert, die Ertragserwartung, die Break-Even-Analyse, die Wirtschaftlichkeitsplanung und -rechnung, die Machbarkeitsanalyse, der Marktzins, der interne Zinsfuß, der Bezugszeitpunkt, das vorhandene Kapital und die vorhandene Liquidität, vorhersehbare und nichtvorhersehbare Chancen und Risiken sowie persönliche Wünsche und Ziele. Hierbei geht der Investor immer öfter dazu über, Rechensysteme mit computerabhängigen Entscheidungen anzuwenden. Diese sind sicherlich hilfreich, jedoch sollte letztendlich immer der gesunde Menschenverstand bei Investitionsentscheidungen eingesetzt werden und die letztendliche Entscheidungshoheit behalten.

Literaturverzeichnis

Brealey, R./**Myers**, S., Principles of Corporate Finance, 14th ed. (2022)

Daxhammer, R.J., **Facsar**, M., Behavioral Finance, 2. Aufl. (2018)

Drukarczyk, J./**Schüler**, A., Unternehmensbewertung, 8. Aufl. (2021)

Fehl, U./**Oberender**, P., Grundlagen der Mikroökonomie, 9. Aufl. (2004)

Götze, U., Investitionsrechnung, 7. Aufl. (2014)

Grob, H. L., Einführung in die Investitionsrechnung, 5. Aufl. (2006)

Heesen, B., Investitionsrechnung für Praktiker, 4. Aufl. (2021)

Hirth, H., Grundzüge der Finanzierung und Investition, 4. Aufl. (2017)

Hofmann, R., Schätzen mit subjektiven Wahrscheinlichkeiten (2010)

Holmström, B.: Moral Hazard and Observability, The Bell Journal of Economics, Bd. 10, Nr. 1, Spring 1979, S. 74 ff.

Horváth, P., Controlling, 14. Aufl. (2020)

http://eur-lex.europa.eu/legal-content/DE/TXT/PDF/?uri=CELEX:32014L0065&from=EN

https://www.bmvi.de/SharedDocs/DE/Pressemitteilungen/2015/136-dobrindt-haushalt2016.html

http://www.controllingportal.de/Fachinfo/Kennzahlen/Weighted-Average-Cost-of-Capital-WACC.html

Kruschwitz, L., Finanzierung und Investition, 7. Aufl. (2012)

Kruschwitz, L., Investitionsrechnung, 15. Aufl. (2019)

Mankiw, N. G./**Taylor**, M. P., Grundzüge der Volkswirtschaftslehre, 8. Aufl. (2021)

Manz, K./**Dahmen**, A. Finanzierung, 3. Aufl. (2012)

Pape, U., Grundlagen der Finanzierung und Investition, 5. Aufl. (2023)

Perridon, L./**Steiner**, M./**Rathgeber**, A., Finanzwirtschaft der Unternehmung, 18. Aufl. (2022)

Grossman, S. J./**Hart**, O., An Analysis of the Principal Agent Problem, Econometrica, Bd. 51, Nr. 1, Januar 1983, S. 7 ff.

Schulte, G., Investition, 2. Aufl. (2007)

Wöhe, G./**Bilstein**, J./**Ernst**, D./**Häcker**, J., Grundzüge der Unternehmensfinanzierung, 11. Aufl. (2013)

Woll, A., Volkswirtschaftslehre, 16. Aufl. (2011)

Sachverzeichnis